# 公园城市理念下
# 滨海城市公共景观营造实践

冯 宁 尹清苓 刘 周 马德兴 主编

中国建设科技出版社

北 京

图书在版编目（CIP）数据

公园城市理念下滨海城市公共景观营造实践/冯宁等主编. --北京：中国建设科技出版社，2024.11.
ISBN 978-7-5160-3440-8

Ⅰ.TU984.1

中国国家版本馆CIP数据核字第2024AG4371号

公园城市理念下滨海城市公共景观营造实践
GONGYUAN CHENGSHI LINIANXIA BINHAI CHENGSHI GONGGONG JINGGUAN YINGZAO SHIJIAN
冯　宁　尹清苓　刘　周　马德兴　主编

| 出版发行： | 中国建设科技出版社 |
|---|---|
| 地　　址： | 北京市西城区白纸坊东街2号院6号楼 |
| 邮　　编： | 100054 |
| 经　　销： | 全国各地新华书店 |
| 印　　刷： | 北京印刷集团有限责任公司 |
| 开　　本： | 787mm×1092mm　1/16 |
| 印　　张： | 8.75 |
| 字　　数： | 210千字 |
| 版　　次： | 2024年11月第1版 |
| 印　　次： | 2024年11月第1次 |
| 定　　价： | 78.00元 |

本社网址：www.jccbs.com，微信公众号：zgjskjcbs
请选用正版图书，采购、销售盗版图书属违法行为
**版权专有，盗版必究。**本社法律顾问：北京天驰君泰律师事务所，张杰律师
举报信箱：zhangjie@tiantailaw.com　举报电话：(010)63567684
本书如有印装质量问题，由我社事业发展中心负责调换，联系电话：(010)63567692

# 编委会

主　编：冯　宁　尹清苓　刘　周　马德兴

副主编：鲁　丹　隋　龙　王　排　赵　坚
　　　　乔　磊　杜　序

编　委：卢晓宇　李怡凡　崔　杨　陈晓峰　刘劭阳
　　　　申维东　陈　强　梁宇翔　马春艳　贾春昀

# 目录 Contents

**第 1 章　公园城市理念及背景概述** ········································ 1

　　1.1　概念及内涵 ··················································· 1
　　1.2　历史起源与发展历程 ··········································· 3
　　1.3　建设内容、目标与意义 ········································· 5
　　1.4　世界范围内各类型公园的代表案例 ······························· 8
　　1.5　国外公园的城市案例 ·········································· 13

**第 2 章　城市公共景观营造基础研究** ···································· 27

　　2.1　城市公共景观的概念及特点 ···································· 27
　　2.2　城市公共景观类型 ············································ 28
　　2.3　城市公共景观营造的意义与作用 ································ 29
　　2.4　城市公共景观营造的原则 ······································ 30

**第 3 章　山体公园景观营造规划设计** ···································· 34

　　3.1　项目背景（规划背景）········································ 34
　　3.2　设计目标与策略 ·············································· 37
　　3.3　分区规划 ···················································· 41
　　3.4　景观要素实施过程 ············································ 56
　　3.5　经验与启示 ·················································· 64

**第 4 章　城市公园景观营造规划设计（西海岸山体公园）** ················ 67

　　4.1　项目背景（规划背景）········································ 67
　　4.2　设计目标与策略 ·············································· 79
　　4.3　分区规划 ···················································· 81

4.4 景观要素实施过程 …… 86
4.5 建设效益分析 …… 101
4.6 经验与启示 …… 102

## 第5章 市政道路景观更新营造规划设计 …… 103

5.1 项目背景 …… 103
5.2 设计目标与宗旨 …… 108
5.3 不同类型景观的更新营造方案 …… 111
5.4 项目效益分析 …… 117
5.5 重要道路景观节点 …… 118
5.6 项目总结 …… 123

## 第6章 结论与展望 …… 129

6.1 不同类型的城市景观营造 …… 129
6.2 公园城市理念的应用及潜力 …… 131
6.3 结语 …… 131

# 第 1 章

# 公园城市理念及背景概述

## 1.1 概念及内涵

### 1.1.1 公园城市理念的概念

公园城市（Garden City）理念是一种新型的城市规划与建设理念，强调以绿色空间和公共公园为核心，注重城市与自然环境的和谐共生。在公园城市理念中，城市规划会更多地考虑绿地的布局和保护，为市民提供更多的休闲、活动和沉浸在自然环境中的机会。这一概念以改善城市居民的生活质量、促进自然生态与城市发展相协调为宗旨，追求宜居、宜游、宜业的城市空间。通过公园城市理念的实施，城市的生态环境和人文景观会得到更好地保护和发展，城市的整体形象和居民的生活品质也会得到提升。

公园城市理念是一种全面的城市规划理念，它不仅包括大量绿色空间和公共公园的建设，更重要的是在城市发展过程中实现了人与自然的和谐共生。这一理念通过人性化、亲自然的可持续设计，使城市空间更加宜居，同时也促进了生态环境的修复和保护。在实践中，公园城市理念涉及诸多领域，如城市建设、生态修复、景观设计、经济发展、文化融合、科技创新等，以此来实现人与自然的和谐共生。公园城市理念的提出和实施，对于改善城市居民的生活质量，保护自然环境，推动城市可持续发展都具有重要意义，主要体现在以下几个方面。

（1）生态可持续性：公园城市理念强调生态环境的保护与可持续利用，提倡在城市规划和建设中融入生态理念，保护和恢复生态系统，实现城市与自然的和谐共生。

（2）社会包容性：公园城市理念注重社会平等和社会包容性，倡导提供公共绿地和休闲设施，为不同社会群体提供平等的城市空间和服务，建设具有包容性的城市社会。

（3）文化传承与创新：公园城市理念强调城市文化的传承与创新，通过保护文化遗产、提倡文化多样性、鼓励文化创意产业发展等方式，实现城市文化的多元发展和传承。

（4）城市绿色交通：公园城市理念倡导发展绿色出行方式，如自行车道、步行道等，减少汽车污染，提高城市交通效率，改善城市居民的出行体验。

（5）创新科技应用：公园城市理念注重科技创新在城市规划和建设中的应用，如智能城市管理系统、绿色环保技术等，提升城市的智能化水平和可持续发展能力。

（6）城市生态经济：公园城市理念倡导发展与自然环境和自然资源协调发展的经济模式，实现城市的绿色经济发展和生态产业的兴盛。

这些外延概念为公园城市理念的深入发展和实践提供了更广阔的视角和更丰富的内涵，有助于建设更加宜居、绿色、文化丰富的公园城市。

## 1.1.2　公园城市理念的核心内涵

公园城市理念的核心内涵包括传统公园城市、生态城市、智能城市、文化城市、低碳城市。传统公园城市将公园和绿地作为城市规划的核心，追求环境优美、宜居城市。生态城市以生态可持续发展为原则，实现城市与自然和谐共生。智能城市结合科技创新，提高城市运行效率，改善居民生活质量。文化城市强调文化遗产传承和城市发展。低碳城市致力于减少碳排放、建设环保城市。公园城市理念强调城市绿地规划与建设，提升绿化水平，创造宜居环境，促进城市可持续发展。同时，推动生态环境保护和社区参与，促进城市共建共享。

## 1.1.3　公园城市理念下的建设进展

公园城市理念的建设包括但不限于增加公共绿地和公园建设，改善城市生态环境与水体治理、植被恢复和生态保护，制定并实施可持续的城市规划，包括交通规划、能源利用、废物处理与资源回收、建筑节能等措施，保护和修复城市的文化遗产，并通过文化活动和历史建筑的保护来促进城市文化的繁荣。另外，公园城市理念的建设还包括鼓励绿色出行与可持续交通规划，提倡社会公平、包容性和社区参与，推动城市创新科技和数字化发展，加强城市灾害风险管理和区域联动发展。这些内容旨在优化城市环境，提高居民生活质量，促进城市可持续发展，目前的主要建设包括以下几个方面。

（1）公共绿地和公园建设：增加城市绿地比例，规划建设公园、花园和自然保护区，以提供休闲娱乐场所和促进生态平衡。

（2）生态环境修复：改善城市的生态环境，包括水体治理、植被恢复、防灾减灾和生态保护等工作。

（3）可持续城市规划：制定并实施可持续的城市规划，包括交通规划、能源利用、废物处理与资源回收、建筑节能等措施。

（4）文化和历史遗产保护：保护和修复城市的文化遗产，通过文化活动和历史建筑的保护来促进城市文化的繁荣。

（5）社区参与和公众教育：鼓励居民参与城市建设和保护，开展公众教育和宣传活动，提高居民环保意识，推动可持续生活方式。

（6）绿色交通和交通规划：鼓励可持续出行方式，改善交通拥堵和尾气排放问题，规划城市交通网络，提高城市通行效率。

（7）社会公平和包容性：建设包容性城市，提高弱势群体的生活质量，保障基本公共服务的普惠性，减少社会不平等现象。

（8）创新科技和数字化城市：利用科技手段解决城市管理和运行问题，推动城市数字化进程，提高城市智能化水平。

（9）灾害风险管理：进行城市灾害风险评估，加强城市防灾减灾工作，规划应对自然灾害风险的策略。

（10）区域联动发展：促进城市与周边地区的协同发展，加强城市与乡村的联系，优化城乡一体化发展格局。

## 1.2 历史起源与发展历程

### 1.2.1 古代城市萌芽时期

在古代城市萌芽时期，公元前4—5世纪的古希腊和古罗马等文明古国的城市规划和建设展现了对自然环境的一定关注和对城市生活品质的关切。在古希腊的城邦和古罗马的城市中，城市中心常常设有公共广场和市政公园，供人们休憩、聚会和交流。这种城市规划中的公共空间为城市居民提供了社交和休闲的场所，展现了古代人对城市生活品质的追求。

17—18世纪的欧洲的一些帝王、贵族和官员的园林和花园景观也体现了对自然环境的热爱和造园艺术的追求。这些花园通常布局精美，种植各种花草树木，配以水景、假山和雕塑等元素，营造出一片清幽优美的景观，成为主人休憩、游览和雅集的场所。这种对自然景观的创造和利用，体现了古代人对优美环境的向往和享受城市生活的愿望。

在这些古代文明古国的城市规划和景观设计中，虽然没有明确的公园城市理念，但其中所蕴含的对自然环境的重视、城市景观的美化以及居民生活品质的关注，可以被认为是公园城市理念的一种萌芽。这些古代城市空间的设计与营造，也为后世公园城市理念的发展提供了一些启示和借鉴。

### 1.2.2 工业革命发展时期

在工业革命发展时期，19世纪初，公园城市理念开始兴起并逐渐得到更多的关注和实践。工业革命时期的城市面临着快速的城市化和工业化发展，城市人口迅速增长，工厂和城镇化进程加剧了城市环境的恶化。因此，人们开始对城市规划、公共空间和绿地保护提出更多要求，公园城市理念应运而生。

与此同时，一些先进的城市开始着手规划和建设公园城市。伦敦的海德公园、纽约的中央公园等著名的城市公园开始兴建，成为城市居民休闲娱乐的重要场所。这些公园不仅提供了绿色环境和休憩空间，还改善了城市的环境质量，缓解了城市污染和拥挤问题。公园城市理念在这些城市中得到了初步的实践与验证，并得到了广泛的认可和支持。

此外，在工业革命发展时期，一些城市开始注重城市规划和景观设计中的绿地空间和公共设施。城市规划师们开始提倡将城市规划中的绿地和公园作为城市发展的重要组成部分，通过绿化工程和城市园林建设，改善城市生活品质，为居民提供更多的休闲和活动场所。公园城市理念在城市规划与建设中逐渐得到推广，成为改善城市环境、提升居民生活品质的重要方向。

总的来说，工业革命发展时期的公园城市理念主要表现为重点关注城市环境改善和生活品质提升。通过规划和建设绿地、公园和景观设施，为城市居民打造宜居、宜游的城市空间。公园城市理念在这一时期的实践中得到了初步的发展和推广，并为后来的城市规划和建设奠定了基础。

### 1.2.3 现代城市规划时期

20世纪中叶，公园城市理念得到了更加深入和系统的发展与应用。随着城市化进程的加速和人们对宜居城市环境的追求，公园城市理念在现代城市规划中的地位和影响越来越重要。

在现代城市规划时期，公园城市理念强调城市规划与建设中的生态、绿色、健康和社区参与等方面。城市规划师们更注重将绿地和公共空间纳入城市规划的核心，通过绿道网络、景观带和生态廊道的设置，打造连贯的绿色生态系统，保护自然环境和生物多样性。20世纪80年代，公园城市理念还倡导开展生态修复、水资源管理和城市绿化工作，促进城市与自然环境的协调发展，实现可持续城市发展。

进入21世纪后，在现代城市规划中，公园城市理念强调社区参与和公众参与的重要性。城市规划需要更多考虑市民的需求和意见，通过实行社区自治、居民代表参与规划、举办公民参与活动等方式，促进居民对城市发展的参与和共享。公园城市理念倡导在城市建设中注重社会公平和包容性，建立积极的社区关系和城市文化共享，营造和谐宜居的城市社区。

总的来说，在现代城市规划时期，公园城市理念萌生了综合性、可持续性的城市发展理念。通过注重绿地和公共空间的规划建设、强调生态环境保护和社区参与，公园城市理念引领城市规划向着更加宜居、宜游、宜业、宜爱的方向发展，为城市的健康发展和持续繁荣提供了重要的指导和支持。

### 1.2.4 当代城市可持续发展时期

在当代城市可持续发展时期，公园城市理念扮演着重要的角色，成为推动城市向可持续发展方向发展的重要理念之一。公园城市理念在此时期得到进一步强化和深化，更加注重生态环境的保护、资源的循环利用、社会的包容性和经济的可持续性。

在当代城市可持续发展时期，公园城市理念强调将城市规划与生态环境保护有机结合，通过绿地系统、水系网络、生态廊道等，建立城市生态基础设施，实现城市与自然的和谐共生。公园城市理念还提倡城市的生态修复、污染治理和节能减排，促进城市环境质量的提升，保护生态系统的完整性和稳定性。

另外，公园城市理念在当代城市可持续发展时期注重社会的包容性与公众的参与。城市规划需要更多考虑弱势群体的需求和利益保护，提供平等的公共服务和便利的基础设施，促进社会公平与包容性建设。公园城市理念强调加强社区参与和公众参与，鼓励公众参与城市规划、管理和监督，营造公众参与城市治理的氛围。

最重要的是，公园城市理念在当代城市可持续发展时期将经济的可持续性放在重要位置。城市经济发展与环境保护需要达到良性循环，在资源利用效率、产业结构调整、绿色技术创新等方面做出努力，实现经济增长与生态环境保护的协调发展。公园城市理念倡导打造韧性城市，建设绿色低碳的城市经济体系，推动城市向着绿色、智慧、创新的未来发展。

总的来说，在当代城市可持续发展时期，公园城市理念不仅强调了对生态环境、社会包容性和经济可持续性的关注，更提供了一种综合性、可持续性的城市发展理念，为构建宜居、可持续的城市环境提供了重要的思路和引导。

## 1.3 建设内容、目标与意义

### 1.3.1 建设内容

公园城市建设内容包括绿地与公园建设，用于为城市居民提供休闲、娱乐和健身场所。同时规划和建设绿道与景观带，为城市居民提供散步和户外活动的场所，促进城市生态系统保护。生态环境保护工作涵盖水系修复、湿地保护和植被恢复，增强了城市生态稳定性和自然环境的健康。另外，社区公共设施的建设包括学校、医疗机构、文化娱乐场所等，用于提升居民生活便利性和社区共享空间。可持续交通系统规划和建设，旨在降低碳排放、改善通行效率。最后，保护城市景观和文化遗产，可弘扬城市文化传统，提升居民生活品质，促进城市可持续发展。

（1）绿地与公园建设：公园城市的核心是绿地与公园的建设，包括城市内的大型公园、社区绿地、街头花园、城市绿化景观等。公园和绿地的规划与建设旨在提供人们休闲娱乐的场所，增加城市的绿色空间，促进居民与自然的互动。

（2）绿道与景观带建设：公园城市注重通过绿道和景观带的设置，将绿地与公园、自然景观、历史文化遗产、城市景观等连成一体，形成连续的绿色廊道系统，为市民提供休闲、健康的场所，促进城市的可持续发展。

（3）生态环境保护与改善：公园城市建设强调生态环境的保护与改善，包括自然生态系统的保护、水资源管理、景观生态修复、空气质量控制等方面。通过生态环境保护与改善，提升城市的生态质量，保障居民的健康与安全。

（4）社区公共设施建设：公园城市鼓励社区公共设施的建设，包括社区活动中心、图书馆、游乐设施、运动场所、健身器材等，为社区居民提供全方位的服务设施，增强社区凝聚力和归属感。

（5）可持续交通系统规划：公园城市的建设也关注可持续交通系统的规划，包括建设骑行道、步行街、无车区域、公共交通网等，减少机动车辆排放，提倡绿色出行方式，缓解城市交通拥堵和降低环境污染。

（6）城市景观建设与文化遗产保护：公园城市建设还注重城市景观的设计与规划，保护和传承城市文化遗产，提升城市形象和历史底蕴。同时，公园城市也重视城市公共艺术的展示与推广，为城市增添文化氛围和艺术气息。

综上所述，公园城市的建设内容涵盖了绿地公园、景观带、生态环境、社区设施、交通系统、城市景观和文化遗产等方面，旨在打造宜居、宜游、宜业的城市空间，提升城市的整体形象和居民的生活品质。

## 1.3.2 建设目标

公园城市的建设目标包括增加绿地空间，改善城市生态环境，维护生物多样性。保护生态环境可通过水系修复、植被保护和城市绿化，提高自然环境质量。促进社区凝聚力可通过规划公共社区设施和活动中心，增进邻里关系和社区共享空间。改善交通环境着眼于建设便捷、安全、环保的城市交通网络。保护城市文化遗产以保护历史遗迹、传统建筑和文化景观为重点，并弘扬城市的历史传统和文化特色。

增加城市绿地空间，通过增设绿色公园和绿地，为城市居民提供更多休闲娱乐场所和美化城市环境的绿色空间。这不仅可增进市民与自然的互动，改善城市生活质量，还有助于提升城市的生态宜居性，减少空气污染，缓解城市热岛效应，推动城市的可持续发展。

保护生态环境，通过各种手段保护自然生态系统的完整性和多样性，维持城市生态平衡和稳定发展。其中包括改善空气质量、推动垃圾分类与资源循环利用、加强水资源保护与治理，以及推动可持续能源的使用等措施。这有利于保障居民健康，提升环境质量，为未来城市的可持续发展奠定基础。通过合理规划和管理城市的生态环境，公园城市不仅可以提高城市的生态宜居性，还能为居民创造更加健康、清洁、安全的生活环境。

促进社区凝聚和共享，通过建设社区公共设施和多样化的活动场所，促进邻里交流和互动，增强社区居民的归属感，促进友好互助关系，增进社区内部的和谐与团结，提升居民的生活品质和幸福感。通过促进社区凝聚和共享，公园城市可以加强社会联系、增进人际关系，推动社区共同发展和资源共享，为构建更加和谐、包容、共融的社会奠定基础。

改善城市交通和出行环境，通过规划科学的交通系统，改善城市道路网络，扩建公共交通设施，推广绿色出行方式，减少对机动车的依赖，减轻交通拥堵和减少环境污染。同时，注重提高交通效率和优化出行体验，推动交通智能化和便捷化。这些举措将促进城市交通系统的可持续发展，提升居民的出行质量和生活便利性，降低对环境的影响，构建绿色、低碳、智能的城市交通体系。

保护和传承城市文化遗产，通过保护和传承城市的历史文化遗产，充分体现城市的文化特色，提升城市的形象和文化底蕴。结合创新设计和现代技术手段，巧妙融入城市景观建设，使传统与现代文明和谐共存。公园城市通过举办各种文化活动、文化节日、艺术展览等，推广城市的文化遗产，激发市民对文化传统和艺术的热爱与参与，构建具有鲜明文化特色的城市品牌。这些努力不仅可以保护城市的文化传承，还能促进城市文化的繁荣发展，增强市民的文化自信和归属感，为城市社会的和谐发展和文化创意产业的振兴奠定基础。

公园城市的建设目标是通过增加城市绿地空间，保护生态环境，促进社区凝聚和共享，改善城市交通和出行环境，以及保护和传承城市文化遗产，打造宜居、宜游、宜业的城市环境，提升居民生活质量和幸福感，促进城市的可持续发展和社会的和谐共融。

### 1.3.3 理论意义

探讨城市与自然的平衡：公园城市理论研究有助于深入理解城市与自然之间的关系，探讨如何在城市建设中实现人类与自然的和谐共生，促进城市生态环境的可持续发展。

倡导绿色城市发展理念：公园城市理论提倡以绿色、生态为导向的城市规划和建设理念，通过研究并强调绿地空间、生态保护和绿色出行等重要要素，推动城市向绿色、可持续发展方向转变。

提升城市生活质量：研究公园城市的理论有助于探讨如何通过增加绿地、改善环境、提升居民生活品质，使城市成为更加宜居、宜业、宜游的地方，推动城市化进程的高质量发展。

弘扬城市文化和历史：公园城市理论强调保护和传承城市文化遗产的重要性，通过研究城市文化、历史、艺术等方面的理论，促进城市文化传统的传承和发展，提升城市的文化软实力和形象。

推动城市规划和管理实践：公园城市的理论研究有助于为城市规划和管理实践提供理论支持和指导，引导城市朝着更加生态友好、人文关怀、社会和谐的方向发展，推动城市实现可持续发展和全面提升。

### 1.3.4 实践意义

提升城市生态环境质量：实践公园城市建设理念有助于通过增加绿地空间、保护生态系统、改善空气质量等方式，提升城市的生态环境质量，减少环境污染，降低生态风险，保障居民健康。

改善居民生活品质：公园城市实践旨在提供更多的休闲娱乐场所和美化城市环境的绿色空间，促进社区凝聚和共享，以及改善交通出行环境，从而提升居民生活品质，增强其幸福感和满意度。

促进城市可持续发展：实践公园城市建设理念有助于推动城市向绿色、低碳、可持续发展方向转变，促进资源的有效利用和循环利用，降低对自然环境的压力，实现经济、社会和生态效益的协调统一。

保护和传承城市文化遗产：公园城市实践通过保护和传承城市的历史文化遗产，提升城市形象和文化底蕴，弘扬城市的文化传统和艺术氛围，增强市民的文化自信和认同感。

引导城市规划和管理：实践公园城市建设理念有助于为城市规划和管理提供实践经验和指导，促进城市规划与生态环境保护、交通出行与社区凝聚、文化传承与城市形象等方面的有机结合，推动城市发展的协调和可持续性。

实践公园城市建设理念有助于提升城市生态环境质量，改善居民生活品质，促进城市可持续发展，保护和传承城市文化遗产，以及引导城市规划和管理的有机结合，推动城市向绿色、宜居、可持续的发展方向转变，实现经济、社会和生态效益的协调统一，提升居民生活幸福感与城市形象。

## 1.4 世界范围内各类型公园的代表案例

### 1.4.1 中央公园——城市核心区人造绿洲的典范

#### 1.4.1.1 基本概况

纽约中央公园位于美国曼哈顿区，占地 3.4km²，南起第 59 街，北抵第 110 街，东西两侧被第五大道和中央公园西大道所围合，是世界上最大的人造自然景观，被称为纽约的后花园（图 1-1）。

作为美国第一个大型的都市景观公园，纽约中央公园所呈现的悠扬田园景观改变了城市风貌，缓和了工业化发展与人们的田园理想之间的矛盾。中央公园的设计师弗雷德里克·奥姆斯泰德和凯尔维特·沃克斯将景观公园定义为城市生活的对立补充。中央公园的成功使他们的景观思想广泛融入了美国其他主要城市的规划中。

图 1-1 中央公园平面图示意

#### 1.4.1.2 历史沿革

中央公园最初并不包括在纽约市的 1811 年规划中，但随着纽约人口的增长，人们希望有一个开放的空间来逃离城市的喧嚣。1844 年，唐宁努斯提议建立一个公园，1853 年纽约州议会批准了从 59 街到 106 街的地点兴建公园。1860 年至 1873 年间，中央公园的工程取得了重大进展，并于 1873 年正式完工。然而，公园在建成后陷入了衰落，因为缺乏管理和维护。不过，公园里设施齐全，包括草地、树木、庭院、剧场、动物园等，为纽约市的居民和游客提供了休闲娱乐的场所。公园每年吸引了数百万人的参观，成为城市中的一片绿洲。中央公园四季皆美，春天鲜花盛开、夏季阳光明媚、秋天红叶满枝、冬季银装素裹。

#### 1.4.1.3 设计理念

中央公园的核心理念是在城市生活的压力下提供广袤的田园风光，以缓解市民的视觉和心理压力。奥姆斯泰德和沃克斯以英式自然审美传统为基础，将其移植到北美的自然环境和城市中,设计了适合不同人群的观赏路线。

中央公园设计竞赛于 1857 年公布,最终胜出的方案名为"绿向"(The Greensward)(图 1-2),突出自然景观,淡化了建筑在公园中的角色。奥姆斯泰德和沃克斯采取了一系列设计策略,如将城市道路下沉到地下隧道中,以保证田园风光的完整。此外,公园周边设有多层植物带,起到了隔离城市喧嚣声音的作用。

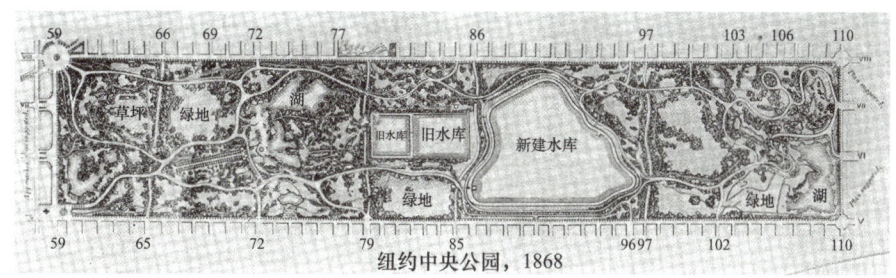

图 1-2 "绿向"方案平面图示意

#### 1.4.1.4 路线分区

中央公园的成功之处在于清晰地设置了不同人群的行动路线,如马车环线、步行道和跑马道路,将公园内的多样景观流畅地串联起来。奥姆斯泰德认为,公园的设计核心不仅在于创造美景,还在于如何安排人们观赏景观。观赏路线的设置反映了设计者对景观的理解和表达。合理的观赏路线能够让自然景观最大程度地呈现在人们眼前。在确立不同人群的行动路线后,沃克斯和奥姆斯泰德根据行进速度安排景观构成,马车路线呈现开阔的成片景观,步行道更多地呈现细致、精巧的景观设计。中央公园最突出的道路系统当属蜿蜒的马车环线(图 1-3),道路两旁的树木控制着马车乘客的观景节奏,引导他们一幅又一幅地欣赏园中的关键景观。

图 1-3 马车环线

中央公园的漫步区(the Ramble)为纽约市民提供了幽深宁静的林中小径(图 1-4a),与公园其他开阔景观形成对比。漫步区的私密属性和多样的景观增强了其吸引力。坐落在狭窄曲折步道旁的各种花草树木,提供了多样性的视觉、嗅觉和触感体验。

中央公园还为喜静和喜动的人提供不同的游览路线。漫步区为寻求宁静的个人体验者提供了林中小径，为喜欢群体的体验者提供了开阔的草坪等公共空间（图1-4b），确保了游客可以在公园里得到满足。

图1-4（a）　林中小径　　　　　　　　图1-4（b）　开敞的草坪

## 1.4.2　凡尔赛宫花园——西方规则式园林的璀璨明珠

### 1.4.2.1　园林概括

凡尔赛宫花园位于法国巴黎，建于1661年，占地约1km$^2$，由著名造园家安德烈·勒诺特尔主持设计，在吸取意大利台地园布局的基础上，发展大尺度轴线、运河的造园形式，该花园为法国古典主义时期的代表园林，是法国规则式园林的集大成者，同时也是绝对君权思想的体现。

### 1.4.2.2　植物景观布局

庄园植物景观采用严格的平面布局，以凡尔赛宫为中心，沿着东西向主轴线对称布置，同时西侧也有南北向横轴。景观中轴线上呈现出刺绣花坛、开阔草坪、自然林地的渐变序列，创造了丰富的植物景观。在立面布局中，通过对称栽植高大乔木或修剪成绿墙来引导视线至轴线的焦点，营造出垂直空间以及夹景效果，形成了开阔空间两侧的边界植物景观，突显出建筑主体的重要性（图1-5）。

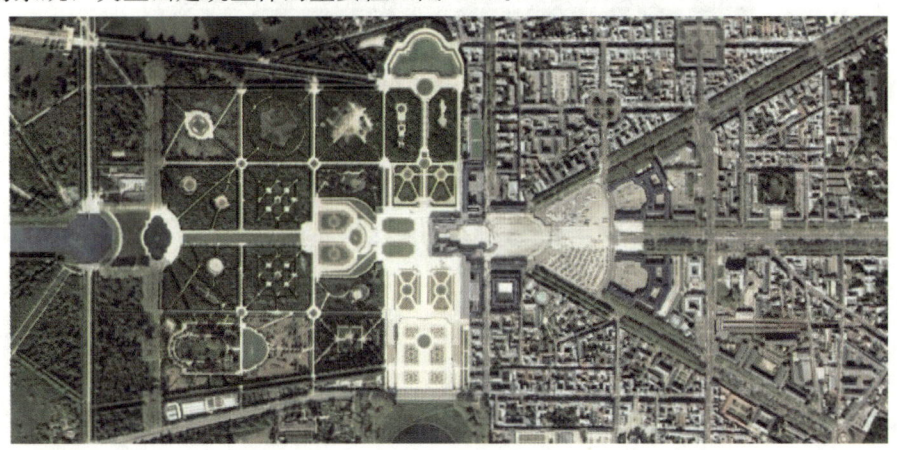

图1-5　凡尔赛宫花园平面图示意

#### 1.4.2.3 植物种植设计

植物在法国园林中起到了重要的过渡作用，通过体现靠近建筑的植物景观的几何形式，使其成为建筑风格的补充，与建筑平面达到和谐统一的景观效果。植物种类以常绿落叶乔灌木相结合，哥特式草坪增强了平坦地势的视觉效果，同时结合大量整形植物，强调人工雕琢的秩序意识。在植物种植上，注重透视手法的运用，寻求视觉上各景物之间比例的协调。法国园林中的植物景观由林荫道、远景等构成，林荫道常用于园路景观设计中，采用线性空间结构。远景则由大面积的自然或人工栽植的乔木组成，形成威严的秩序性和高雅的合理性。丛林起到了丰富整个园林空间的作用，避免了园林中纯几何形体所带来的单调。

#### 1.4.2.4 植物景观效果分析

（1）国王林荫道

凡尔赛宫花园中的林荫道位于宫殿西侧，其中包括一条长 300m 的"国王林荫道"，位于花园中轴线上，以高大的欧洲七叶树点缀。其两旁对称点缀雕塑和花瓶，形成连贯流畅的林冠线，将视线聚焦至凡尔赛宫，显示出皇家园林的气派。同时，还有三条放射状对称分布在南北两侧的林荫道，常用适于行道树的植物种类，如三球悬铃木，其茂密的树冠和季相特征为园林增色不少（图 1-6a）。

（2）花坛

德泽勒在《造园理论与实践》一书中总结了勒诺特尔式的植物运用原则，并定义了五种不同类型的花坛。刺绣花坛是法国园林中应用最广、形式最多样、人工性最强的植物运用形式之一，通过修剪的矮篱或者切割草皮形成繁复的哥特式纹样图案，植坛空隙填充了彩色砾石或花卉。在凡尔赛宫花园，刺绣花坛均匀对称地分布在主体建筑的南北两侧，并沿中轴线延伸至人工大运河，其中南花坛也被称为百花园（Jardin des Fleurs），绿篱高度在 0.5m 以下，植篱间隙栽植丁香、水仙、郁金香、风信子、百合、美国石竹等时令鲜花（图 1-6b）。

图 1-6（a） 凡尔赛宫国王林荫道

图 1-6（b） 凡尔赛宫花坛

### 1.4.3 颐和园——中式皇家园林的集大成者

#### 1.4.3.1 基本情况

颐和园是中国设计哲学及文化的象征，1998 年被列入《世界遗产名录》。这座园林展示了中国关于人与自然和谐统一的哲学思想、美学观念以及工艺造诣。它是北京古都风貌的重要组成部分和标志性人文景观之一。

颐和园建于 1750 年，占地约 3.01km²，拥有各式宫殿、园林古建筑、珍贵文物以及 2000 余株古树名木。园内的昆明湖由乾隆皇帝于 1749 年扩建而成，为皇家园林建设提供了充足用水。颐和园是中国现存最完整的皇家园林，展示了古代中国皇家宫廷对居住、游览、修心等生活环境的物质和精神需求。

#### 1.4.3.2 颐和园整体布局

（1）山水格局

颐和园坐落在山水之间，继承了中国古典园林对自然山水美的崇尚，体现了中国古代园林的审美理念。山水的完美结合展示了中国传统审美中的均衡讲究之美。清漪园对原始地形进行了改造，扩大了水面并使前山全部濒临于湖边。形成了山嵌水抱的结构，充分体现了阴阳相生相含的和谐关系。颐和园的三个水域主次分明，内湖宽阔，外湖以一个大岛作为中心，西北水域则展现出水乡风貌，后溪河承接后山的山涧，形成了一个有源有流的完整景象（图 1-7）。

(a) 昆明湖　　　　　　　　　　　　　(b) 后溪河

图 1-7　颐和园山水格局

（2）建筑布局

颐和园的建筑几乎涵盖了中国古典建筑的全部形制，包括殿、舫、楼、阁、亭、廊、牌楼等（图 1-8），是清代官式建筑的杰作。排云殿是颐和园内最壮观的建筑群，是慈禧接受朝拜的地方。中央建筑群以佛香阁为中心，在中国园林建筑设计中是一个杰出的创举。两侧分别由宝云阁和清华轩、转轮藏和介寿堂的对位构成两条次要轴线，呈现了严谨中融合变化的意趣。这组建筑依山势上升，每到一个景点，景物会因地势的不同而有所变化。

(a) 佛香阁　　　　　　(b) 清晏舫　　　　　　(c) 长廊

图 1-8　颐和园建筑布局

#### 1.4.3.3　颐和园造景手法

山水景观：颐和园的山与水相互映衬，形成了虚实关系的对比，给整个园区带来宏大的感觉。建筑体积与绿色植物形成虚实对比，使建筑融于绿色，呈现出协调一致的效果。

轴线和秩序感：佛香阁等建筑构成明显的中轴线，左右两侧的建筑增添了秩序感，形成了雄伟壮观的景观。

对比：颐和园中的景观呈现出不同的特征，后山后湖景区和前山前湖景区展现出地貌景观的不同特色，建筑的宫廷与民间格调的对比创造了多样生动的园林景观。

借景和仿景：颐和园充分利用周边优美的景色进行借景，塑造出江南风情，并仿照各地名景创建了诸多景点，呈现出丰富多彩的园林文化。

## 1.5　国外公园的城市案例

### 1.5.1　新加坡——高品质绿化环境

#### 1.5.1.1　滨海湾公园

1. 建设背景

前新家坡总理李光耀早期提出了"花园城市"概念，旨在建立一个以公园、花园和开放空间为主的城市。在20世纪90年代，新加坡进一步提出了"花园中的城市"发展战略，将公园系统、森林系统和水域空间相互连接，打造无处不在的城市自然景观。为实现这一愿景，滨海湾花园成了一个重要的发展项目。2006年，国际总体规划设计竞赛启动，评审团在众多参赛队伍中选出了两支优胜队伍。随后举办了一次公开展览，得到了广泛的参与和积极的反馈。2007年11月，滨海湾花园项目正式开工，标志着花园城市发展的开始。

2. 滨海湾公园概况

滨海湾公园位于新加坡核心城区，毗邻玛丽娜海湾，占地面积$1.01km^2$，包括南园、东园和中园三部分。滨海南花园与即将建成的滨海东花园和滨海中花园共同组成世界上最大的热带城市花园——滨海湾花园。公园内拥有两座巨大冷室花园"花之穹顶"和"云之森林"，以及18棵"擎天大树"，是最吸引人的景观。该项目在设计中加强了景观与建筑的结合，注重多学科的合作，实现了本土、共生、永续的设计理念（图1-9）。

3. 设计理念

（1）注重文化象征意义

海湾南园的设计灵感来自于新加坡的国花——兰花，兰花对新加坡有着特殊的象征意义。设计方案以兰花的特征为基础，构思了公园的空间布局，体现了公园所承载的文化内涵。温室象征着兰花扎根于水边，地形、道路和能源交换系统则代表兰花的树叶、枝芽和次生根，主题公园和超级树则是象征兰花的主要节点，这些共同构成了一个完整的体系（图1-10）。

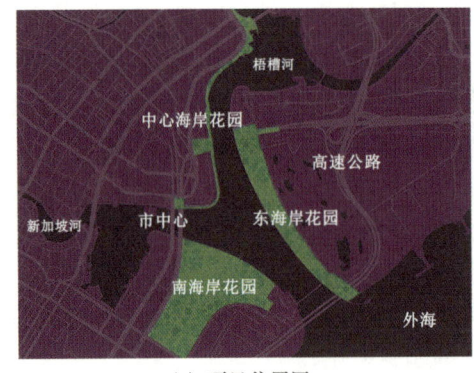

(a) 项目位置图　　　　　　　　(b) 滨海南花园设计平面图

图 1-9　滨海湾公园项目

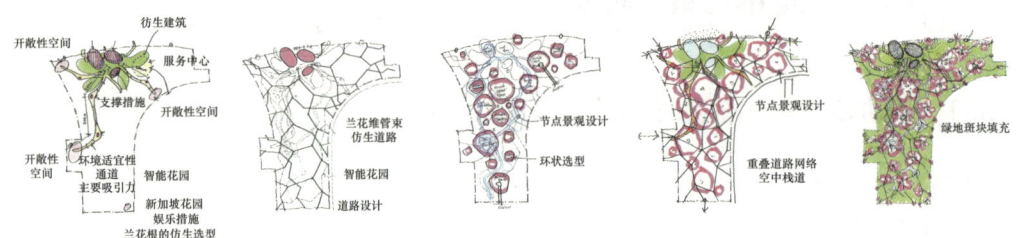

图 1-10　兰花设计构思演变

（2）注重与城市空间的结合

设计方案考虑了与玛丽娜海湾建筑群以及玛丽娜航道进行空间视线的结合，彼此互为景致。温室花园、超级树和空中步道成为新的空间地标。针对公园附近的步行、车行道路和公共交通进行了优化，以提高公园的可达性，并与海湾游憩体系融为一体。

（3）注重可持续发展

地形设计考虑了风向的影响，使主风可以在空间中产生微风轻拂的效果；树荫、布满植物的格栅和温室、擎天树等人工结构将会使公园的大部分地区有遮阳庇荫处；温室展示了可持续发展的工程技术与能源节约的结合；公园景观湖的作用类似一个生态过滤器，它吸收公园排出的水，利用水生植物进行清洁，过滤后排到水库。

4．可持续设计策略

（1）自然与科技融合

滨海湾公园的温室花园是建筑、结构、环境工程和景观设计的集大成者，代表了对可持续能源的应用和植物、人类和生态系统之间的密切关系。两个温室花园分别是花之穹和云之森林，复制并展示了不同的气候环境和植被，为公园提供了全天候的教育和娱乐空间。此外，这些温室花园利用先进科技，至少节约了30%的能源消耗，不仅实现了节能目标，还拥有低能耗的空间和高度。另外，18棵超级树是公园内最引人注目的标志性景观，利用先进的环境科技模仿了树木的生态功能，同时美化了城市夜景并起到遮阴作用，成为新加坡的城市新亮点。这些景观元素与公园的自然环境完美融合，为游客带来了全方位的视觉和环境体验（图1-11）。

(a) 擎天树远景　　　　　　　　　(b) 擎天树结构

图1-11　自然与科技融合效果

(2) 能源节约设计

新加坡和滨海湾花园内修剪下的枝条树叶会经过收集、压缩处理成木片，用于充当热电联产锅炉系统的燃料。燃料在锅炉中焚烧的过程中会产生蒸汽推动涡轮机，为整个花园提供电力。发电过程中产生的余热也被用来蒸发掉除湿系统中除湿剂积累的湿气，使除湿剂可以再生循环利用。锅炉所产生的废气经过彻底过滤后，再由擎天大树（supertree）内部的烟囱排入大气中，而产生的烟尘也经过回收利用作为肥料。整个系统完整且不留任何废弃物，充分体现了可持续的宗旨。

(3) 节水设计

充分利用滨海蓄水池中的水，将水引入翠鸟湖，并与花园中的水体相连通，水道中设有天然过滤床，具有降低水中营养物质含量的作用，以保证水质清洁。花园中多余的水会流回滨海水道中，这样便保持了水位的稳定，形成了自然洁净、节约的水循环系统（图1-12）。利用新加坡丰富的降雨，花园还设计了完善的雨水收集再利用系统，"云之森林"（Cloud Forest）中的大型瀑布所用的水全部由雨水收集而来的。

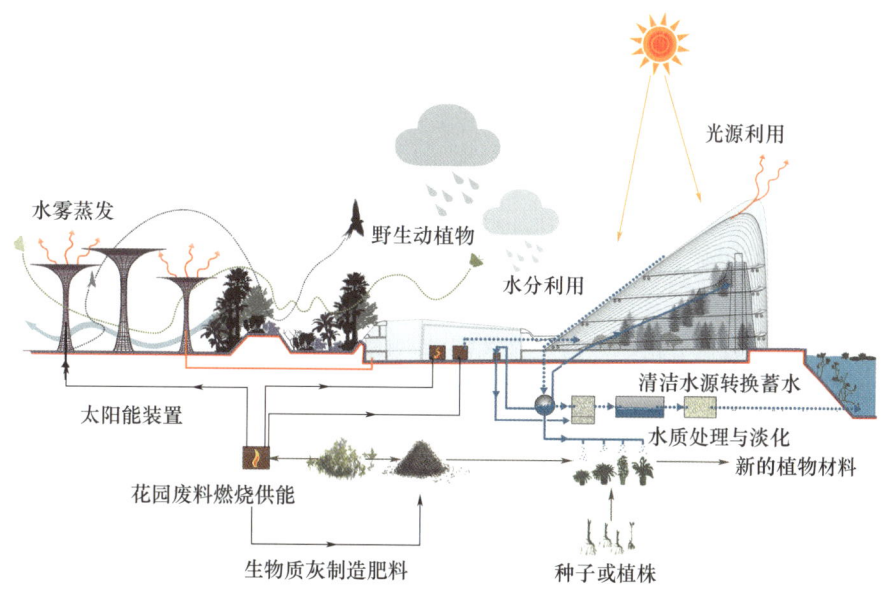

图1-12　滨海湾公园可持续节能系统示意

（4）绿色墙体和垂直植物

公园设计中使用了大量绿色墙体，主要有 3 种类型：土工布加强土墙用于空间划分及缓冲陡坡；垂直种植板设置在超级树和部分墙面上，用于植物种植（图 1-13）；活体墙面由有机材料与混凝土混合料合成，质感粗糙且具有渗透功能，有利于附生植物的根系生长。

(a) 垂直种植　　　　　　　　　　　　(b) 立体绿化

图 1-13　绿色墙体类型

#### 1.5.1.2　樟宜机场＋海军部村落养老综合体（建筑与景观一体化实践）

**1. 樟宜机场**

（1）建设背景

20 世纪 70 年代中期，新加坡航空旅客数量增长迅速，巴耶利峇机场无法满足需求。因此，新加坡决定在东部兴建一个新机场，选址于曾为日本占领期间的空军基地。樟宜机场的 T1 航站楼在填海造地后于 6 年内建成，并取代了巴耶利峇机场，成为新加坡的主要国际机场。为了容纳不断增长的旅客流量，樟宜机场展开了一项改造计划，并于 2002 年开通了樟宜机场捷运站，大大改善了机场与市区间的交通便利性。

星耀樟宜航站楼作为连接现有航站楼的桥梁，将商场和花园融合在一起，创造了一个以社区为中心的建筑。这个概念生动地展现了机场作为一个充满活力的城市中心，与新加坡被称为"花园之城"的美誉相呼应。

（2）设计理念

星耀樟宜航站楼将当地风土人情融入设计核心，如在航站楼中融入兰花元素，采用兰花图案装饰和大量室内绿植，与新加坡园林景观融为一体。建筑提倡通透性，使旅客能够欣赏城市绿化景观，模糊机场与城市的边界，同时强化与新加坡花园城市的联系。航站楼包含了零售空间、餐厅、酒店等设施，注重提供人性化、身心健康、数字化体验，并结合严谨的数据分析，以满足旅客需求（图 1-14）。

(a) 融入园林景观　　　　(b) 光线通透　　　　(c) 集多功能于一身

图 1-14　星耀樟宜航站楼设计理念

(3) 生态设计

"森林谷"（Forest Valley）是星耀樟宜航站楼的核心区域，内含阶梯式室内花园、人工瀑布和休息区，可提供多样化互动体验（图1-15a）。中央的"雨漩涡"（Rain Vortex）是全球最高的室内瀑布，瀑布流量巨大，可为环境降温并收集雨水进行再循环利用（图1-15b）。建筑的半倒置圆形屋顶创造出几乎没有柱子的内部空间，集成式的动态玻璃遮阳系统和通风系统为旅客提供了舒适的环境，并为繁茂的植物提供了适宜的光照（图1-15c）。

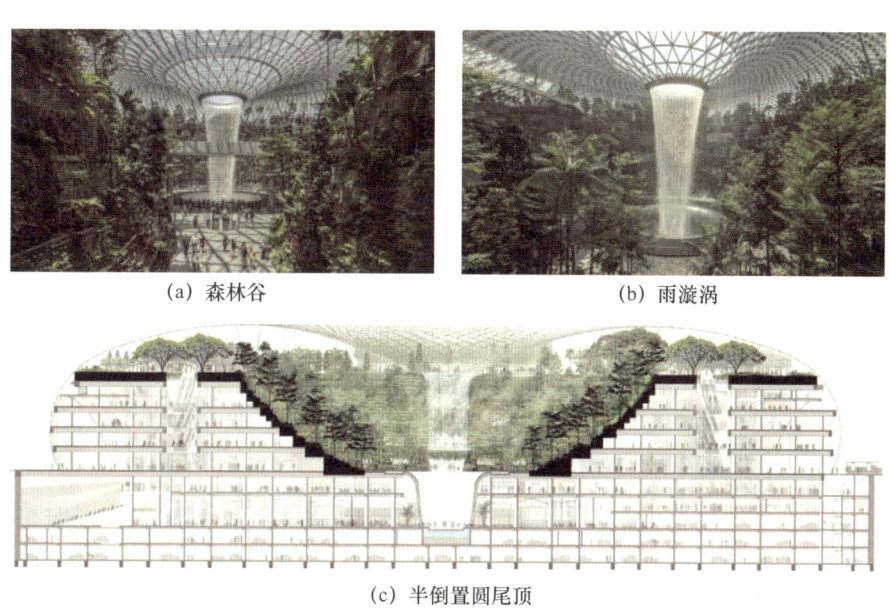

(a) 森林谷　　(b) 雨漩涡

(c) 半倒置圆尾顶

图 1-15　生态设计

定制设计的参数化能源模型软件用于预测植物生长所需的日光小时数，确保植物蓬勃生长，并为建筑冷却系统设计提供支持。集成置换式冷却系统专注于地上1.5m的人居空间，通过特殊涂层的玻璃减少热量吸收，促进植物生长（图1-16）。系统与瀑布形成的微气候效应共同调节热环境，并有助于空间降温。屋顶设计的孔洞"雨漩涡"收集多余的雨水并在花园中重复利用。

图 1-16　玻璃面窗

## 2. 海军部村落养老综合体

### (1) 建设背景

海军部村落综合楼项目是新加坡政府投资的一站式组屋项目,旨在为老年人打造宜居空间,以解决社会老龄化带来的问题。该综合楼位于新加坡兀兰新镇,紧邻海军部地铁站,占地 9000m²,集成了住宅、康养设施和公共空间,致力于打造一个高度宜居、友好和开放的空间(图 1-17)。设计以耐久、有弹性的建筑形式来促进社区参与,同时提供绿色空间和亲生物环境,以带回城市的生物多样性。

(a) 鸟瞰图　　　　　　　　　　(b) 立面图

图 1-17　海军部落村庄综合楼项目

### (2) 设计思路

海军部村落综合楼坐落在一个只有 9000m² 的基地上,面临着紧张的用地和 45m 的建筑高度限制。因此,项目采用了一种类似于三明治的建筑形式。项目的下层区域是社区广场,中层是医疗中心,上层则是社区公园和老年公寓,形成了一个一体化的村庄设计模式。这种设计促进了不同功能之间的交叉性和多样性,并保留了地面空间,方便大众进行各种活动(图 1-18)。

(a) 一体结构意向图　　　　　　　(b) 一体结构图

图 1-18　一体化村庄设计模式

### (3) 建设实施

社区广场位于一楼,是一个公共空间,具有很强的渗透性和开放性。地砖图案、景观和室外休息区向外延伸,激活了综合体与周围建筑的联系。在这个舒适、包容的空间内,公众可以参加有组织的活动和季节性的节日庆祝活动。广场被中层的医疗中心遮盖,呈现出极佳的通风效果,使人们随时可以享受活动。

中层为医疗中心，为了促进医疗健康服务，医疗中心的咨询和等候区采用自然采光，阳光透过四周的窗户和中庭照进室内，为患者提供了一个舒适的氛围。医疗中心围绕着中心庭院，为等候区的患者们提供了一个舒缓的绿色景观视野。

上层区域的社区公园是一个私密的垂直社区绿地，包含梯田绿化景观和开放的社区农场、活动中心，并设有长椅、健身器材等设施，为老年人提供社交场所，居民聚集在一起可以锻炼、聊天、打理花草。同时，附属功能空间（如托儿所和老年人活动中心）为年轻人和老年人提供共同生活、用餐和娱乐的场所。老年公寓朝向景观平台和社区公园，可使老年人的生活与自然和社区紧密联系。

#### 1.5.1.3　碧山宏茂桥公园（河道空间以及生态工法运用的典范）

（1）历史背景

在20世纪60—70年代，新加坡经历了快速的现代化与城市化，建立了社区和公园来满足居民需求。原碧山公园建于1988年，目的是为居民提供休闲娱乐空间，并形成城市绿色缓冲带。新加坡最长的加冷河贯穿中心岛，曾被修建为混凝土沟渠，以应对洪水威胁，但导致了公园和社区被划分。随着城市地面硬质铺装增加，内涝问题出现，新加坡政府提出对河道综合治理的需求。2006年，新加坡国家水务局发起了"活力、美丽、清洁"水计划项目，旨在提升水体质量，并创造出供社区娱乐休闲的活力空间。碧山宏茂桥公园成为首个提出拆除混凝土沟渠恢复自然河道的项目。

（2）场地现状

该场地位于新加坡中区社区，总面积为0.63km²，包括原碧山公园和加冷河流域。公园内有长2.7km的混凝土排水渠。在进行改造前，公园是一个普通绿化公园，作为两个市镇的缓冲区和分界线，可满足居民日常休闲、锻炼需求。现有的问题包括公园与加冷河道被隔离，居民无法享受亲水环境，生物种类单调，配套设施陈旧，与周边交通联系不便（图1-19）。

(a) 原貌平面图

(b) 设计平面图

图1-19　场地整体概况

（3）设计思路

团队的主要任务是创建一种新的热带城市水文景观处理方式，以满足新加坡的水独立供给和洪水管理需求，同时在紧凑的城市中创造河岸生态系统。改造后的加冷河河道曲折蜿蜒、宽窄不一，拥有多样化的流动形式，为生物多样性创造了重要条件。设计基于河漫滩的概念，根据水量变化创造出亲水平台和加宽河道，确保了足够的公园用地，增加了交流空间。重新设计的河道使通过洪水时的最大宽度从 17～24m 拓宽到近 100m，提升了近 40％的水体运输能力。

（4）设计策略

① 水生态修复策略：改造方案首先对河道形态进行调整，从直线形混凝土河道变为曲折的自然式河道，改善河道生态，并丰富空间性质。采用水力模型模拟河流动态变化，确定关键水利设施节点的建造方式与技术选择。同时，应用可持续性的水文循环过程理念，融入雨水管理设计，增强城市弹性。新加坡每年降雨充沛，水文循环利用雨水回补地下水或资源再利用，降低市政排水压力。将园内及周边收集的雨水经过一系列生态处理，最后重复利用或排放至加冷河，构建可持续性的循环过程（图 1-20）。

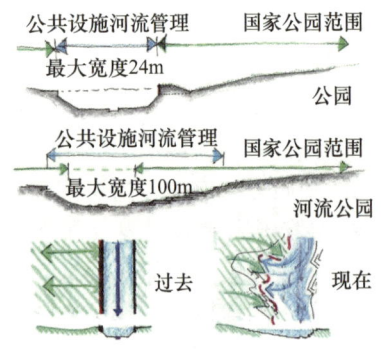
(a) 水体改造方案

(b) 可持续水循环系统

图 1-20　水生态修复策略

② 土壤生物工程：景观团队利用水力学模型来预测水道，结合传统的土壤生物工程技术加固新河岸，以补充计算机技术作用的不足。生物工程技术结合植被、天然材料和土木工程技术，用于加固河岸、减缓水流侵蚀速度，并实现河道的自我修复。设计团队在公园水渠内建造试验河床，尝试不同工程技术和植被，最终确定了多种手段，用于加冷河驳岸的修复工程。这些技术的应用提高了河道的弹性，扩宽了洪涝容量并提高了运输能力，增加了生物多样性，使生态系统更具抵抗力和韧性。与僵硬的混凝土河道相比，这种技术成本更低，并且更具可持续性和长期经济效益。

③ 雨洪治理：从混凝土排水渠中拆除下来的混凝土块全部被用于重塑河床，砌筑群落生境、步行道以及建设"回收山地"，为到访者提供俯瞰公园与河流全景的平台。这种拆除运河混凝土沟渠、修复自然河道的大胆举措，不仅使其花费比运河改造设计减少了 15％，同时回收的混凝土块再利用也是对环境更好的保护，彰显出场地独特的城市河道发展记忆。

④ 生物群落营造：设计中，生态是一个重要的考虑因素，特殊地形赋予了生物多样性发展的条件。自然式河道和土壤生物工程技术共同营造了多种微生物的栖息地，并创造了新加坡首个生物净化群落（图 1-21a），通过水资源有效处理创造了洁净、美丽的景观环境。生物净化群落选址于公园上游的湿地，采用自然的方式在水体源头维持水质清洁，净化后的水直接用于公园内水上乐园的供给。水文生态的自然化使城市恢复了生物多样性，为因河道修复而产生的自然景观提供了有力的补充。恢复河流的自然化后，公园内的物种多样性增长了 30％（图 1-21b）。

(a) 生物净化群落　　　　　　　　(b) 生物多样性（水獭回归）

图 1-21　生物群落营造

⑤ 新增大量人性化设施和扩大绿色开放空间：设计者在公园内设计并建设了适合不同群体的健身、休闲设施，包括儿童游乐园、老年健身区、封闭式宠物游戏区等，并配套咖啡馆供市民休憩。大量的绿色开放空间为城市中心区生态修复河流形成的自然景观提供了有益的补充。在干爽的季节里，河岸区域可以供人们进行各种休闲活动；在降雨时节，公园区域充当了输水渠道，有助于提升生物多样性，同时也可以缓解水流对下游河道的压力（图 1-22）。

(a) 与自然融合　　　　　　　　(b) 生态自然

图 1-22　绿色开放空间

（5）设计思路

此项目整体采用局部之和大于整体的方法，使碧山宏茂桥公园不仅仅是公园，加冷河也不仅仅是一条排水沟渠，两者相互依存，不仅是社会和生态的基础设施，更是新加坡公园城市建设的典范。

## 1.5.2　温哥华——丰富的自然景观

### 1.5.2.1　史丹利公园（城市原始与现代互相依存的森林公园）

（1）历史背景

史丹利公园所在地曾是多个不同原住民族的聚居点。英国皇家工程兵在 1860 年将其设为军事保留地，导致此地没有被过度开发，成了一处天然景区。史丹利公园原是英吉利海湾的半岛，在 1886 年，温哥华的第一届市议会请求联邦政府将这块占地约 4.05km² 的绿地重建为公园用地。两年后，公园正式开幕，并以时任的总督史丹利伯爵的名字命名，同时被联邦政府界定为国家历史遗产区。

（2）概况

史丹利公园（Stanley Park）与温哥华市中心接壤，北、东、西三面被海洋所环绕，是世界上最大的城市自然国家公园之一。

公园占地约 4.05km²，拥有 3 个大沙滩、2 个淡水湖、水族馆、动物园、高尔夫球场、玫瑰花园、小型火车和加拿大原住民的巨型图腾柱等（图 1-23）。由于地处城市，该公园面临着休闲空间、环境污染和气候变化的压力。

图 1-23 史丹利公园平面图

（3）设计理念

环堤项目始于 1914 年，耗时半个多世纪，直到 1971 年才在第三海滩附近完成。数百名城市雇员、救援人员和季节性劳工参与了海堤的建造，以阻止侵蚀半岛边缘的持续潮汐。1920 年，由于伯拉德湾航运量的增加，侵蚀问题变得更加紧迫，公园委员会要求继续支持为史丹利公园建造保护性海堤。石匠大师兼工头詹姆斯·坎宁安自 1931 年开始领导该项目，直到 1963 年去世。如今，数百万游客喜欢沿着海堤散步、骑自行车（图 1-24）。

(a) 环堤散步　　　　　　　　(b) 环堤骑行

图 1-24 环堤散步和骑行

① 森林生态系统：史丹利公园占地约 4km²，有 50 万棵树木。受太平洋气候影响，这里的树木比内陆地区更高大茂盛。2013 年树木总覆盖率为 65.0%，2018 年增至 73.0%，平均每年增加 1.6%。

② 潮间带栖息地：史丹利公园靠近太平洋的三边是潮间带栖息地，为海带和无脊椎动物提供栖息地。这里常见到海星、蛤、海蠕虫、藤壶等动物，以及潜水鸭、白头鹰、水獭和浣熊等动物觅食。公园被海堤包围，海堤在海洋和陆地之间形成了屏障，限制了生态系统之间的相互作用。鸟类和野生动物以贝类为食，在潮间带和陆地生境之间进行养分交换。Lost Logaon（失落泄湖）和 Beaver Lake（海狸湖）是史丹利公园的著名地标，也是许多鸟类和动物的栖息地。公园内有自然之家，是了解公园动植物的有趣互动方式。史丹利公园在全球范围内对鸟类保护至关重要，被公认为重要的鸟类和生物多样性地区。

③ 花园建设：史丹利公园的花园包括玫瑰园、杜鹃花园和莎士比亚花园。最佳参观时间一般为春季和夏季，花卉的主要开放期为 3 月下旬至 4 月和 6 月至 10 月。玫瑰园内有 3500 种植物，观赏期为 6 月至 10 月和 3 月下旬至 4 月。杜鹃花园有 4500 株杂交杜鹃花和杜鹃花。莎士比亚花园拥有 3500 多种花卉，并有 45 棵莎士比亚剧作及诗歌里提到的树（图 1-25）。

图 1-25　莎士比亚花园实景

### 1.5.2.2　伊丽莎白女王公园

(1) 历史背景

伊丽莎白女王公园是加拿大最古老的市立植物园。这里曾是一个采石场，1961 年为庆祝温哥华建市 75 周年而开发为采石场公园。1939 年来访的英国国王乔治六世和伊丽莎白皇后给公园改名为伊丽莎白女王公园，当地人通常称之为 QE Park（Queen Elizabeth Park，QE Park）。伊丽莎白女王二世再次访问时，在公园内亲手种植了一棵从家乡温莎园移来的英国橡树作为纪念。

(2) 公园概况

伊丽莎白女王公园位于温哥华西区甘比走廊（Cambie Corridor）绿化带，环境优美，拥有便捷交通、高品质社区、优质学区和繁华商业。此外，其位于温哥华的地理中心，占地 0.52km²，是加拿大第一座植物展示园，拥有丰富的加拿大本土和外来植物（图 1-26）。

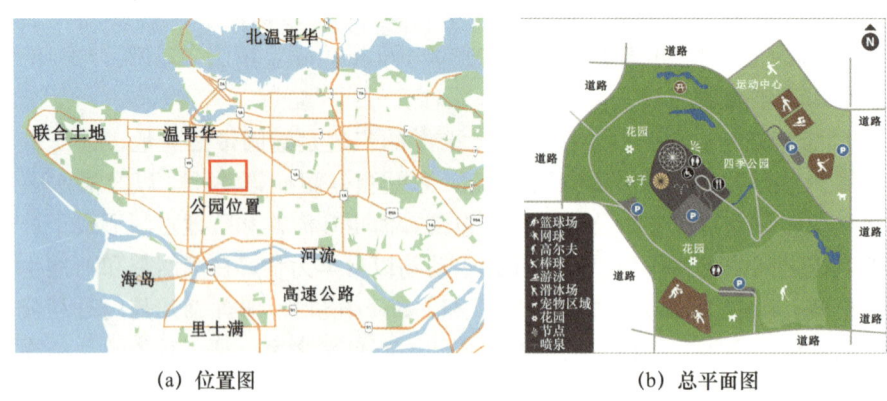

(a) 位置图　　　　　　　　　　(b) 总平面图

图 1-26　伊丽莎白女王公园位置与总平面图

(3) 设计改造

① 采石场公园：公园引入了典型的英式花园布置，采用自然式布局，将原本的采石场构建成景色多样、花卉种类繁多的小公园。在有限的空间内精心搭配植物，形成色叶树搭配、草花结合的美景。顺应起伏的山地塑造乔灌草结构景色，构成蜿蜒的林缘线，极具美感（图 1-27）。

图 1-27　采石场公园

② 半球型温室：公园的山顶有一个鸟巢似的建筑，半球体形状——布劳出尔温室（图 1-28），是温哥华的特殊标志之一。巨大的三极真空管圆顶，有 1490 个树脂玻璃圆盖，即使雨雪天也可保持室内温暖。温室内有 3 个不同的气候控制区，里面种满了来自世界各地的热带植物和珍稀品种，不同种类的小鸟在这里安家。

图 1-28　布劳出尔温室

③ 巧借环境栽花种草：公园的地形是起伏的山地，富有自然气息。公园巧借起伏的山地，种有樱花、杜鹃、郁金香、水仙、木兰等大量花卉。春季，各色的樱花和杜鹃开满枝头，不同品种的山茱萸、西洋水仙与郁金香也在园中栽培；园内有一个美丽的花园，被小型的悬崖和一些奇花异草所环绕，具有东方气息的园林中点缀着大大小小的池塘和喷泉。

④ 樱花特色景观：伊丽莎白女王公园是温哥华春季赏樱的著名景点，最佳观赏期在每年的4月。公园内约有1300棵不同品种的樱花树，包括东京樱、冠型樱和垂花樱。公园里有一棵名叫"The Great One"的樱花树，是全温哥华最大的樱花树。樱花树分布在公园各处，包括布洛德尔温室附近、采石场花园和喷泉周围，每处都有独特的景观。

#### 1.5.2.3 海滨公园（将市中心带到河边）

（1）历史背景

80年来，由于温哥华滨水公园一直被工业区占据，导致了河滩污染和交通阻断。为了恢复自然栖息地和连接社区，设计团队提出了重新连接城市和滨水区的计划。他们计划抬高铁路线并建立地下通道，以改善交通并重新连接历史城区与河流。此外，他们还规划了详细的公共空间、公园系统和户外空间。在过去的80年里，工业活动导致了公众无法通行，河滩环境受到了严重的污染（图1-29）。

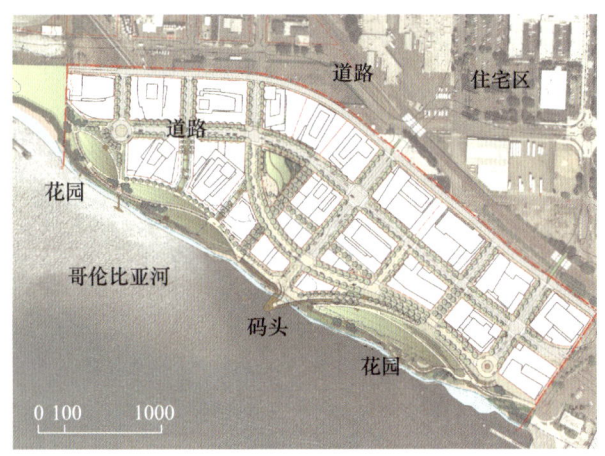

图1-29 场地位置示意图

（2）设计理念

设计师希望通过创建具有连接功能和多样化的滨水体验空间，将滨水区的生态修复与城市文化复兴相融合，目标是改造以前的工业用地，将历史悠久的市中心和Esther Short公园与滨水区相连，设计方案如图1-30所示。

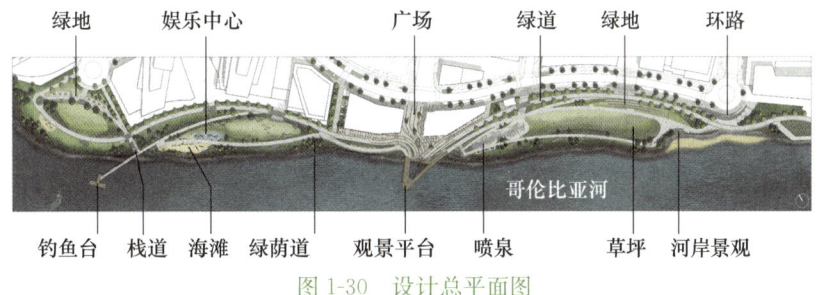

图1-30 设计总平面图

（3）设计策略

① 公园的标志性景观之一是格兰特街码头，有一个超过 30m 的斜拉结构，参考了当地的船只造型，未触及水面，旨在保护水生物，并让行人近距离观察河流。

② 动线设计将市中心与滨水区和历史悠久的"哥伦比亚文艺复兴小道"重新连接，呼应着河水流动的路径，形成一个聚会场所。滨水步道适合所有年龄段的人使用，其流动形式和平缓的坡度为人们创造了共享通道。

③ 亲水设计：为限制人们直接进入河流，而增设了观景台和亲水平台，以保护动态海岸线和动物们的栖息地，同时让人们通过视觉、触觉和听觉等多种感官与河流产生互动。

④ 原生态材料：设计师优先选择具有象征意义、可持续的本土材料，如当地特有的玄武岩，并采用传统工艺来展现地域特征，表达项目特色。

⑤ 亲自然设计：戏水广场吸引着各年龄段的游客与河流互动，其中包括名为"哥伦比亚流域"的公共艺术装置，通过垂直石板展示河流的自然历史，让人们沉浸于对流水的体验。儿童活动场地分为两个区域，一侧采用鲜明蓝色铺装以迎合儿童活泼的特性，另一侧使用沙石铺地以提供更接近自然的体验。海滨公园设计了开阔的草坪景观，其中包括节日草坪，为活动和休闲提供了空间，同时与河流流线相一致。石砌阶梯式座位提供了开阔视野，可调节场地的层级差异。

# 第 2 章

# 城市公共景观营造基础研究

城市公共景观作为城市发展的重要组成部分，受到了广泛的关注和研究。城市公共景观营造是一个综合性且复杂的系统工程，需要深入挖掘城市公共景观的内涵和特征，探讨其营造的意义、原则、基本理论以及现阶段的发展状况和不足。首先，对城市公共景观的概念及特点进行研究，有助于全面把握城市公共景观的属性和核心价值。其次，对城市公共景观的类型进行深入剖析，有助于理解和比较不同类型景观的特征及适用场景。同时，城市公共景观营造的意义和作用需要在综合、系统的基础上进行分析和探讨，明晰其对城市环境和社会的影响。此外，城市公共景观营造的原则和基本理论的研究也是关键，它们为城市景观规划和设计工作提供科学依据和操作指导。最后，对现状和不足的研究则能够揭示城市公共景观营造的发展现状和问题，并为未来的研究和实践提供有益参考。因此，基础研究对于城市公共景观的理论建构和实践创新具有重要的意义，本章将就上述议题进行深入探讨。

## 2.1 城市公共景观的概念及特点

### 2.1.1 城市公共景观的概念

城市公共景观是指城市中公共空间的景观设计和规划，包括街道、广场、公园、花园、步道等公共空间的景观特征、绿化、硬质铺装、灯光、雕塑等元素的布置与组合，以及景观设施、家具、标识系统等的设置，旨在营造美观、宜人、功能合理的城市公共空间环境，为市民提供休闲、娱乐、社交、文化、活动等服务。城市公共景观的设计应考虑人文环境、生态环境、文化传承等多方面因素，旨在打造具有文化氛围、区域特色和社会包容性的城市景观空间。城市公共景观的规划与设计应当遵循城市规划、生态保护、风景旅游等相关法律法规和规范标准，充分考虑城市发展的现实需求和人群的多样化需求，促进城市的宜居性、活力性和可持续性。

### 2.1.2 城市公共景观的特点

面向公众：城市公共景观是对公众开放的城市空间，供市民和游客进行休闲、娱乐、社交等活动使用。因此，其设计与规划应着重考虑公众的需求和舒适感。

多功能性：城市公共景观通常具有多种功能，如休闲娱乐、健身运动、文化展示等，能够满足不同人群的需求。

互动性：城市公共景观的设计常注重创造互动性，通过设置不同类型的景观元素、雕塑、座椅等，促进市民之间的互动与交流，营造社区生活的活跃氛围。

独特性：城市公共景观的设计通常会突出地域特色、文化特征或历史遗产，为城市增添独特的魅力和文化氛围，提升城市形象。

生态环保：现代城市公共景观设计强调生态环保，通过绿化植被、雨水收集系统、节能照明等手段，保护生态环境，减少能源消耗和碳排放。

艺术美感：城市公共景观设计追求艺术美感，通过景观材料的选择、景观布局的规划、色彩搭配等，营造美丽、宜人的城市环境。

可持续性：城市公共景观的设计应考虑长期可持续发展，采用环保材料、符合节能减排标准的设计理念，保障景观的持久性和可持续性。

## 2.2 城市公共景观类型

公园：城市中的公园是一种常见的公共景观类型，通常包括花园、草坪、树木、步道、湖泊等元素，是人们休闲娱乐、散步和户外活动的场所。

街道景观：城市街道景观设计包括道路绿化、人行道、街头家具、街区标识等要素，能够提升市民的步行体验和城市的整体形象。

广场：城市广场是人们集会、交流的主要场所，通常包括中央广场、社区广场等，也是举办活动、展览、演出等文化活动的场所。其多样化类型与功能使之成为城市中多元文化、休闲娱乐活动的重要场所，为市民提供了丰富多彩的城市体验和文化交流空间。

庭院：庭院景观在城市住宅和商业区常见，是私密的户外空间，通常包括花园、露台、座椅等，为居民提供私人休憩空间。

河岸景观：城市河岸景观包括沿河的绿化带、散步道、室外咖啡厅等，是人们河岸休闲、观景和活动的场所。

绿地广场：绿地广场结合绿化景观和广场元素，是城市中常见的休闲活动场所，通常设置有草坪、座椅、儿童游乐设施等。

文化公园：文化公园通常结合文化、艺术和自然元素，包括博物馆、雕塑、艺术品、户外展览等，为市民提供文化体验和学习机会。

生态园区：生态园区注重生态环境保护与教育，通过植物园、湿地公园、野生动物园等形式，展示自然生态系统和生物多样性，提升公众对生态环境的认识和保护意识。

### 2.2.1 公园

公园中常见的花园和草坪是人们休憩的好地方。花园中的各种植物景观，如花海、花境、花廊等，增添了色彩和生气；草坪则是人们运动、野餐或日光浴的场所。

公园内的树木不仅美化了环境，还提供了阴凉和清新的空气。这些绿色植物不仅是城市的氧气工厂，也是城市生态系统的重要组成部分。

公园中的步道和骑行道是市民进行户外活动的主要场所。宽敞平整的步道让人们可以尽情漫步，而骑行道则鼓励人们选择环保的出行方式。

公园中的湖泊和水景是景观的亮点，不仅提供了观赏和娱乐的场所，还为城市增添了水系景观，改善了城市的生态环境。

公园内常见的休闲设施包括长凳、亭子、游乐场等，为市民提供了休息和娱乐的场所，也增加了公园的活力和吸引力。

一些公园还融入了文化和艺术元素，如雕塑、艺术装置、户外展览等，丰富了公园的文化内涵，提升了市民的审美享受。部分公园还设有教育和环保主题区域，如植物园、环保展示区等，通过展示和教育活动，增强市民对环境保护的认识和责任感。

这些元素的综合存在使公园成为城市中不可或缺的一部分，既满足了人们的生活需求，又丰富了城市的文化内涵和生态环境。

### 2.2.2 街道景观

城市街道景观设计是城市规划的关键组成部分，它不仅包括道路绿化、人行道、街头家具和街区标识等要素，还注重创造人性化、美观舒适的城市环境，从而提升市民的步行体验、促进社区交流、改善城市的整体形象。

道路两旁的绿化带不仅美化城市面貌，还能够起到减少噪音、净化空气的作用。通过合理选择树木和花草搭配，打造宜人的城市景观，提供给行人和骑行者清新的通行环境。

人行道的设计应考虑行人的舒适度和安全性。宽敞平整的人行道，配有防滑铺装、无障碍设施和合适的遮阳设施，能够提高市民的步行体验，鼓励更多人选择步行出行。

街头家具包括长椅、花箱、观景台等，为市民提供休憩的场所。通过设计合理的街头家具，能够增加街道的互动性和人文气息，打造出充满生活氛围的城市空间。

街区标识系统的设置可以提高市民和游客的导航效率，减少迷路的可能性。清晰准确的路牌、信息牌和指示标识，能够营造出友好的城市环境，方便市民日常生活和活动。

在街道景观设计中加入文化艺术元素，如雕塑、壁画、景观雕刻等，不仅提升街道的艺术品位，还为市民创造出丰富多彩的文化享受空间。

通过精心规划和实施街道景观设计，可以提升城市的整体品质、促进居民的生活幸福感，进一步增加城市的魅力和活力，塑造出令人向往的宜居城市环境。

## 2.3 城市公共景观营造的意义与作用

城市公共景观营造对于城市发展和居民生活有着重要的意义和作用。首先，公共景观是城市形象的重要部分，它反映了城市的文化底蕴、历史传承和发展方向。城市公共景观的营造，可以融入城市的地域特色、历史文化和自然风光，展现城市的独特魅力，增强城市形象和吸引力。精心设计的城市公共景观可以成为城市重要的地标和象征，吸引游客前来参观，促进文化交流和旅游业的繁荣。其次，城市公共景观还对塑造城市的居住环境、提升居民生活质量起到重要作用。具有美丽景观的城市可以激发居民的生活热情，提高其生活幸福感。公共景观的营造不仅可以为居民提供休闲娱乐的场所，还可以改善城市的生态环境，促进城市空气质量和生态系统的健康。此外，公共景观也是城市社会交往的场所，人们可以在这里散步、活动、聚会，增强社区凝聚力，促进社会交流。因此，城市公共景观的营造有助于提升城市整体的软实力，是吸引人才和资本的关键因素之一，且有助于提升城市品质，增进居民幸福感和满意度。

## 2.4 城市公共景观营造的原则

### 2.4.1 科学性原则

植物分布的规律性：地球环境的基本特征之一是非均一性，这种特性导致了不同区域环境的形成。这些区域包括热带、温带、寒带、江河湖海、陆地、沙漠、高山、高原和平原。每个区域都由气候和地表特性组成，并形成不同的植被类型，如森林、草原、荒漠、沼泽等。中国自南向北依次分布着热带雨林、季雨林、亚热带常绿阔叶林、暖温带落叶阔叶林、温带针阔叶混交林、寒温带针叶林等多种森林植被类型。从东部沿海向西部内陆，中国的植被带会经历从森林到草原，再到荒漠的过渡。青藏高原的植被分布规律表现为随着海拔的逐渐升高，植被带依次分布为山地森林带、高寒灌丛、高寒草甸带、高寒草原带、高寒荒漠带。虽然这些也是南北的差异，但首先是地形条件，其次才是纬度差异的影响。

植物分布的地域性：在设计中，植物的地域性特征表现为使用乡土（地域性）植物。乡土植物指原产于本地区或已经非常适应本地气候和生态环境的植物种类。这些植物适应性强，能代表当地植物特色并承载当地文化，而且繁殖容易、生长快、应用广泛、养护成本低。因此，设计中乡土（地域性）植物的使用比例应不小于70%。在选择植物时，需要综合考虑基地绿地类型、土壤情况、苗源地情况、地下水位、原址可利用植物种类，以及周边是否有污染源等具体条件。

植物的和谐性：植物通常在自然环境中与其他植物、动物和微生物生活在一起，形成植物群落。这些植物群落按照自身的生长规律和相应环境条件相互作用，并与其他生物和环境形成和谐的关系。在植物景观设计中，人们希望充分了解自然植物群落的特征和生存环境，掌握模拟群落的方法，以创造符合人类需求、服务于人类生活、观赏和改善环境的人工植物群落。

生物学特征的差异性：不同植物具有不同的生物学特征，表现在它们喜欢的阳光、湿度、生长地点以及生命周期的长短等方面。生命周期短的速生树种或一二年生草本植物，生长迅速；生命周期长的慢生树种或多年生草本植物，生长缓慢；生命周期和生长速度介于两者之间的称为中生树种。合理搭配这些不同生长速度的植物有助于实现景观设计的近期效果和可持续性。准确了解和掌握植物的生物学特征对植物景观设计至关重要，因为只有准确了解不同植物的生物学特性和生长规律，才能在设计中进行正确搭配。

### 2.4.2 功能性原则

植物景观设计需要结合园林绿地的性质和主要功能，以满足人们的需求和行为感受。设计要考虑植物与绿地功能的结合，以加强园林绿地的功能。设计者必须了解人们的生活和行为规律，使设计能够满足人们的需求，为人服务。因此，植物景观的创造必须符合人的心理、生理、感性和理性需求，把服务和有益于人的健康和舒适作为设计的根本理念。设计要体现以人为本，创造环境宜人、景色引人、为人所用的渴望，力求创造亲切近人、尺度适宜、人景交融的亲情环境。

### 2.4.3 艺术性原则

完美的植物景观必须具备科学性与艺术性两方面的高度统一，既要满足植物与环境在生态适应上的统一，又要通过艺术构图原理体现出植物个体及群体的形式美，以及人们欣赏时所产生的意境美。植物景观中艺术性的创造是极为细腻复杂的，需要巧妙地利用植物的形体、线条、色彩和质地进行构图，并通过植物的季相变化来创造瑰丽的景观，表现其独特的艺术魅力。

植物景观设计遵循形式美原则、意境美原则和时空观理论。形式美原则指通过对植物色彩、搭配和组合进行巧妙设计来创造引人欣赏的景观。意境美原则强调利用植物的美来表现人的思想、品格、意志，并赋予植物人类特质，从形态美升华到意境美。时空观理论需要结合动态序列景观的变化性和静态空间景观的稳定性，利用植物的生长变化来打造季节景观和长期景观效果，并通过植物组合来美化和组织空间，实现与建筑、水体、山石的协调和统一。

### 2.4.4 安全性原则

在当代景观设计中，安全性是至关重要的。住区植物景观的安全性包括几个方面：不使用有毒的植物，如夹竹桃不适合配置在住区中。人流能到达的地方不使用有刺的植物，如构骨、火棘、苏铁等应远离人群。在休息处不使用有飞絮、污物产生的植物，应选择冠大荫浓的落叶乔木，以避免飞絮和污物的影响。

### 2.4.5 整体性原则

住区植物景观的风格定位，取决于住区景观设计的风格；住区景观设计的风格定位，取决于住区建筑风格。景观风格不能独立于建筑风格之外另起炉灶，这样会使建筑与景观互相分离，不能融合在一起成为一个整体。现代住区建筑风格特点大致为：法式风格、美式风格、西班牙风格、英式风格、Art Deco、新古典主义风格、现代典雅风格、新中式风格。

① 统一的原则：要在植物的树形、色彩、线条、质地和比例上保持一定的差异和变化，同时使它们之间保持一定相似性，以形成统一感。变化太多会导致杂乱无章，而过于单调又会显得乏味。因此，设计中要在统一中寻求变化，在变化中寻求统一。

② 调和的原则：要注意植物之间的相互联系和配合，以体现调和的原则，使人们产生柔和、平静、舒适和愉悦的美感。同时，差异和变化也能产生对比的效果，可突出主题或引人注目。

③ 均衡的原则：根据植物的体量、质地和颜色等特征，采用均衡的布局方法，能使景观显得稳定和顺眼。按照规则式均衡（对称式）和自然式均衡（不对称式）在不同环境下进行设计。

④ 韵律和节奏的原则：在植物的配植中有规律的变化，会产生一种韵律感。这种韵律感能够为设计添加美感和变化，给人以愉悦感。

### 2.4.6 经济性原则

在园林景观规划植物设计中，需要充分考虑当地的经济发展情况，注重成本投入。即使经济宽裕也要兼顾社会效益和生态效益，避免盲目设计。植物设计需要考虑经济性原则，以最少的经济投入创造出最大的社会效益和生态效益。经济型景观设计与生态文明兼容，可以为国家解决环境问题，且不妨碍景观设计的经济效益。因此，需要在发展景观美学的同时，创造与生态相辅相成、与经济和谐发展的生态景观设计作品。

### 2.4.7 文化性原则

① 植物景观的文化价值

园林植物美包括三个主要方面：形态美是指植物的外观特征，如花、叶、根、茎和果实的形态。不同植物展现出不同的自然美。动态美是指通过观赏植物在不同季节和瞬间的变化，如松涛竹韵、桐雨蕉霖，展现出四季景色和其自身的不同风姿。文化意向美是指植物所表现的理想与期望，比如菊花体现隐士气质，松柏勇敢，柳树伤感，植物还暗示着祥瑞、表现着人格等。植物作为文化符号，承载着人们的生活观念、思维和情感，同时延续了文化传统。

② 植物景观的文化性配置

调整园林空间布局，丰富空间层次是古典园林设计的重要特点。通过植物体量大小和结构的差异，构建远景、中景和近景，丰富空间层次，使整体画面更加丰富多彩。远景通过植物颜色和植被群落的水平变化，突出天际线和景观建筑的背景。中景则通过植物的柔化线条来强调个体或群体的整体形象，突出主题，不会喧宾夺主。在古典园林的植物设计中，对近景的处理十分细致，选择植物不仅注重外观特征，还注重其文化内涵和造型。传统造园手法如对景、漏景、障景、框景、夹景、借景等也能丰富空间层次。

植物是园林设计中灵活生动的要素，能够将自然空间与建筑空间融合。通过种植花草树木，整个园林景象会统一在繁花绿树的植物空间中。园林主题常常通过景观植物来表现。在不同地区种植不同的植物，或突出某些植物，可以丰富景观的观赏性，增加地域特色。特定植物的形状和颜色也可以形成独特的空间特征。植物在沟通建筑与自然空间方面起到了重要作用，如竹枝探入洞窗、红枫站于建筑窗前，都形象地展现了自然空间和建筑空间的交流。

## 2.4.8 生态性原则

在当前社会,我们开始反思并提出了"生态性"原则,旨在降低土地开发对生态系统的影响,同时追求较大的景观价值。设计师需要探索如何通过科学的理念和专业方法,通过植物景观设计降低土地开发对生态系统的影响。在可持续发展的背景下,加强生态文明建设是国家推进的重点。现阶段,我国在植物景观设计生态性方面的研究主要集中在景观生态学理论和方法的导入,包括板块-廊道-基质模式、景观多样性和异质性、连接度和连通性等方面。在植物景观设计实践中,可以通过三种途径实现生态性。

① 生境多样化

保留原有植被系统:在现代景观设计中,应对基地现有植被进行调查,并最大限度地保留树木,然后补种植物,形成理想的植物景观。在城市废弃地改造设计中,应系统考察原有生境类型,并尽量保留稳定的生境系统。尊重生物多样性:在广场、乡村和居住区,应保留具有一定树龄的树木,以保护生物多样性。景观设计不能以破坏原有生境为代价,应根据场地特点进行植物景观设计。利用地形、水体等媒介:依靠地形、水体等媒介构建不同生境条件,如地形构建可以形成不同生境条件,水体可以改变湿度,综合利用便可以构建丰富的生境类型。

② 物种多样化

植物景观设计中的物种多样化,指的是在适合植物生长的条件下选择尽可能多的不同植物种类,通过植物群落的营建,满足更多动物的生存,以植物多样性带动动物多样性。大多数人都喜欢观赏性的动物,如鸟和蝴蝶,人与动物的主观感受有相似之处,动物喜欢的地方也会受到人的喜爱,而人们的自然愿望也会更好地得到满足。在城市园林设计中,除动物园外,其他绿地规划设计中很少考虑动物的生存状况。在选择草本植物时,应尽量选择容易繁殖的物种,如菊科、禾本科、蓼科植物,其种子小而轻,容易自然传播。同时,还要考虑场地内的环境条件,为植物种子的自然传播和生长提供条件,即在设计中应有意识地为物种的传播创造条件。

③ 重视和提倡乡土树种的应用

乡土树种适应当地气候条件,抗逆性和抗虫能力好,育苗成本低,容易养护,在植物景观设计中应大量采用。许多城市的本土区域拥有丰富的野生植物资源,乡土树种在园林种植中的广泛运用对生物多样性保护很有意义。引入城市景观的乡土植物,尤其是不常见的野生植物,不仅可以增加生态性,还能形成富有野趣的景观。

# 第 3 章
# 山体公园景观营造规划设计

徐山山体公园作为青岛市的重要风景名胜区，具有得天独厚的自然景观和丰富的历史文化底蕴。本章将以徐山山体公园的景观营造为例，探讨在规划设计过程中如何体现公园城市理念。首先，介绍徐山山体公园项目的背景和历史沿革，阐述其在城市发展和环境保护中的重要性。其次，通过对徐山山体公园的现状分析，探讨城市面临的挑战和机遇，为后续的规划设计提供深入的依据。接着，阐述设计目标与策略中的设计理念，总体设计目标和景观具体的设计策略，重点探讨如何通过景观营造体现公园城市理念，强调生态环境的保护和恢复，提升居民的生活品质。在此基础上，详细介绍徐山山体公园的分区规划和景观要素的实施过程，以展现公园城市理念在具体项目中的落地表现。最后，谈及徐山山体规划中的经验和启示，探讨高新技术在规划设计中的应用、生态理念的践行以及乡土文化的传承与宣传。本章的深入探讨，旨在为城市公共景观的规划设计提供有益的借鉴和启示，以推动公园城市理念在城市规划与建设中的广泛应用。

## 3.1 项目背景（规划背景）

### 3.1.1 项目地概况

徐山位于青岛市西南辖区黄岛区（35°59′59″N，120°9′20″E）东部，地处北温带季风区域，属温带季风气候，受来自洋面上的东南季风及海流、水团的影响和直接调节，区域内为显著的海洋性气候。山体空气湿润，雨量充沛，温度适中，春季气温回升较慢；夏季湿热多雨；秋季天高气爽，降水少，蒸发强；冬季风大温低，持续时间较长。全年 8 月份最热，平均气温为 25.3℃；1 月份最冷，平均气温为 −0.5℃，年平均降雪日数约为 10 天。

徐山西临昆仑山南路，东临奋进路，北临松花江路，南临齐长城路（图 3-1）。徐山周围主要以工业用地为主，以东南西北四条城市交通道路包围形成东西长 1.5km，南北长 1km 的矩形区域，其中徐山山体总体呈西北—东南走向，两侧高，中部低，呈马鞍形，地势总体较为平缓，东西向最长处约 700m，南北向最长处约 750m，山地总体面积约 34000m²，区域内最高海拔为西区主峰 89.27m。徐山山体目前基本未被深入开发，自然植被资源较好，东西两处山峰有消防通道穿行其中，山上存有齐长城遗址以及徐福石屋、徐福观星石、棋盘石等文化遗迹。

(a) 平面图

(b) 鸟瞰图

图 3-1　徐山地理区位图

## 3.1.2　历史沿革

古代《山海经》《东周列国志》等文献对于徐山曾经有过关于地理位置、山势地貌和地方历史的记载（表 3-1）。

表 3-1　徐山的历史沿革

| 时间 | 有关徐山的记载或传说 | 记载的文献 |
| --- | --- | --- |
| 先秦 | 地理位置、山势地貌 | 《山海经》 |
| 秦 | 设立青州郡，徐山的名称来源 | 不详 |
| 汉 | 地理位置、山体地貌和历史沿革 | 《史记》 |
| 三国至两晋 | — | 《齐地记》 |
| 南北朝 | — | 不详 |
| 隋唐 | 青州郡文化、历史和地理特点 | 不详 |
| 宋 | 文化名胜，徐山的名称来源<br>徐山寺庙、名胜、文人雅士居住 | 《三齐记》<br>《太平寰宇记》 |
| 元 | — | — |
| 明 | 当地居民为了祈求丰收，在徐山东山坡修建了一座牛王庙 | 不详 |
| 清 | 记录了青岛地区的地理情况或历史事件，包含对徐山的简要记载<br>地理位置、山体地貌、历史沿革、文物遗迹等内容 | 《徐山志》<br>《山东通志》 |
| 民国 | 描述了徐山在当时的风貌、地位和重要性 | 不详 |
| 近代 | 山东省人民政府<br>关于在齐长城遗址保护范围内实施<br>徐山山体生态修复工程的批复 | 《徐山地方文献选编》<br>《山东方志》<br>《青岛市地名志》 |

注：表中"——"代表查询无果或无数据。

徐山真实的历史可追溯至公元前 300 年左右，徐山是古代齐长城的一部分，齐长城是中国古代战国时期齐国修筑的一条长城，位于今山东半岛地区，横贯齐国境内，是中国规模最大的古代城墙之一。据历史记载，齐长城修筑起始于齐国国君景公即位的时代，主要是为了防御越国、燕国等邻国的进攻。齐长城全长约600km，东起徐山，西至蓬莱，贯穿整个齐国境内。齐长城的建造使用了石、土、木等材料，其主要功能是防御外敌入侵。徐山作为齐长城的起始地之一，在古代被用作观测敌情、筑城设防的重要地点。历史上徐山山势险峻，地理位置十分重要，可一览周围地形，控制通道，在齐长城的防御体系中起到了关键作用。

公元前220年左右，秦国统一六国后，设青州郡时，山下即有发展，现存砥石岭完整的石刻汉字创始于当时。秦始皇曾派遣术士徐福前往海外寻找不死药，而徐福带领童男女等二千人集会于蓬莱方丈山（也被称为蓬莱山），后来此地取名为徐山。然而，此说法仅存在于民间传说，并没有清晰的历史依据，更多地被视为传统文化中的神话传说。徐福的真实身世和经历有很多版本和争议，而蓬莱山和徐山之间的联系也并没有得到确切的历史证据证实。

汉代时期，徐山作为战略要地被纳入了当时的地理志。史书中记载了一些关于徐山的地理位置、山体地貌和历史沿革。徐山地势险峻，山势起伏，主峰居中，山体以花岗岩为主，山上绿树葱茏，景色宜人。徐山山势陡峭，早在古代就成了一处战略要地，适合于建造城堡或者观察敌情。

在隋唐时期，徐山作为青州郡的一部分，也被史书所记载，其中包括关于徐山的文化、历史和地理特点等内容。

在宋明时期，由于青岛的发展，徐山也逐渐成为一个重要的文化名胜，历史文献中有关于徐山寺庙、名胜、文人雅士居住等方面的记载。

史书载至清朝，此地称之"徐山"，常有士绅或文人雅士留驻修养，更有修院沿山立，文化氛围浓厚。清代的《徐山志》中详细描述了徐山的地理位置、山势地貌、文物遗迹、历史沿革等内容，其中"徐山"名字的由来，传说得名于光绪年间的徐山社（今市南区徐家麻路），这里的人对山以及山脚下修建的寺庙非常尊敬，并将其称为"徐山"。还有一种说法是因为山上生长着茂盛的徐草，被当地人称为"徐山"，后来逐渐成为了山的名字。

民国时期的历史文献中也有关于徐山的记载，描述了徐山当时的风貌、地位和重要性。

近代，青岛市区不断扩张，徐山地区也逐渐被纳入城市化进程中。随着青岛城市的发展和变迁，徐山在当代的历史地位和文化价值也有了新的呈现。目前，徐山已经成为青岛市的一个重要地标，同时也是市民休闲健身的好去处。

总的来说，徐山经历了漫长的历史变迁，见证了青岛城市的发展和变迁，同时也展现出其独特的人文风貌和自然景观。

### 3.1.3 现状分析

项目地青岛徐山位于齐长城路以北，松花江路以南，奋进路以西，昆仑山南路以东，占地面积0.34km²，整体规则，呈西北—东南走向，建设区域东部和南部边缘齐整。西部和北部边缘线较为破碎（图3-2a）。周边主要为工业用地和居住用地，北侧分别是海尔工业园和海信信息产业园，西北侧为海尔新产业园，东侧为国风工业园，南侧为青岛大学附属医院，东南侧为青岛滨海学院，周围人群以居民和工业人员为主（图3-2b）。

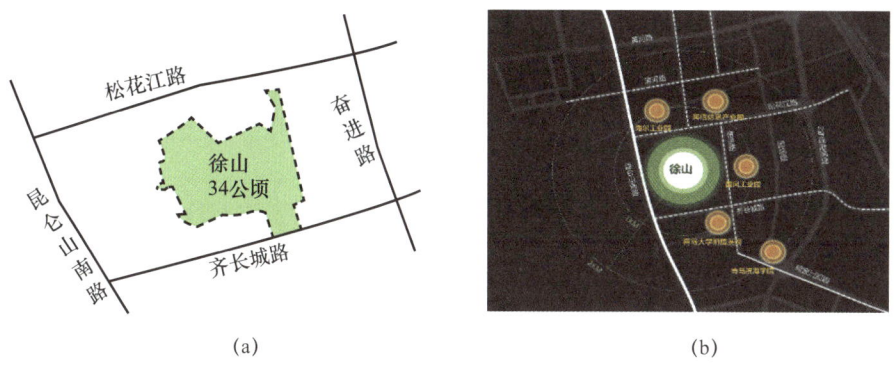

图3-2 徐山周边环境

## 3.2 设计目标与策略

### 3.2.1 设计理念

青岛徐山山体公园的景观营造规划设计过程中，在充分考察项目综合背景和现有景观情况后，结合周边环境和居民活动，总体设计以"青山叠翠，意韵文风"为主题，力求打造一个富有生机、充满诗意的齐文化美丽山体公园（图3-3）。公园景观设计将充分展现青山叠翠的自然风光，通过丰富多样的植被、艺术雕塑和景观布置，打造出一处令人心旷神怡、身心愉悦的自然乐园。其中，设计希望可以"以公园生机，秀城市生活"，力图做到"于自然之境，品文化之韵"，使游客感到自然之趣、生态之趣、文化之趣。

图3-3 徐山的山体公园景观营造规划设计理念意向

"以公园生机"是设计理念之一。设计者致力于通过绿色植被的种植和保护，打造一个充满生机和活力的生态公园。在徐山的每个角落，有各种各样的植物点缀其中，季节更替时，赏心悦目的景色如画卷般徐徐展开。设计过程中注重生态环境的保护和恢复，努力营造一个与自然和谐共生的生态系统。通过合理的植被配置和生态修复工作，恢复山体植被的多样性，提升生态环境的质量和稳定性，为鸟类、昆虫等提供良好的栖息地，让公园充满生机勃勃的自然气息。

"秀城市生活"也是设计理念之一，主要注重公园的宜人性和便利性，为市民和游客提供一个放松身心、感受自然、享受休闲生活的理想场所。公园设施和服务将得到精心规划和布置，打造一个健康、宜居的城市休闲空间，为游客带来舒适便利的游览体验。

"于自然之境"是以自然为核心的设计基本追求，通过尊重自然、保护生态，以可持续发展的理念为指导，减少对山体生态环境的干扰，促进生物多样性保护和生态系统恢复。公园内绿色植被的丰富种植、水体的清新流畅以及山体的保护和修复，将营造出一个与自然和谐共生的生态环境。

"品文化之韵"是设计理念的重要组成部分，通过充分挖掘徐山山体的历史文化底蕴和地方特色，结合青岛本土文化元素，将文化内涵融入公园的景观设计中。通过文化艺术展示、文化活动和文化体验项目，展示青岛悠久的历史和独特的文化韵味，为游客带来一场身临其境的文化之旅。

在"青山叠翠　意韵文风"的设计主题下，徐山山体公园将成为一个集自然之美、文化之韵、生活之乐于一体的综合性景观公园，会成为一个周围游客欣赏自然、放松心灵、感受文化的理想去处。

## 3.2.2　总体设计目标（设计定位）

徐山山体公园的总体规划设计中，项目建设涉及齐长城遗址徐山段本体保护和标识展示，主要设计内容包括生态修复、道路、土地、景观、建筑、管线、文化、结构、亮化和海绵城市。

在生态修复方面，重点保护和修复齐长城遗址徐山段的生态环境，采取生态友好的方式恢复植被、增加植被覆盖率，提升生态系统的稳定性和生态功能（图3-4a）。在道路规划上，设计合理的道路网，方便游客游览和交通流线的顺畅，同时提升景区的整体通达性（图3-4b）。景观设计方面涵盖绿化、铺装、景观构筑物等，以打造具有地方特色和文化底蕴的景观元素，丰富公园的景观形象和魅力。建筑设计在考虑保护齐长城文化遗产的同时，结合现代建筑设计理念，打造符合功能需求和文化特色的建筑群（图3-4c和图3-4g）。管线、结构、亮化等方面将充分考虑工程运行和管理的实际需求，保障公园基础设施的稳定和可持续发展（图3-4d和图3-4e）。同时，引入海绵城市概念，通过合理设计排水系统，提升公园的水资源利用效率和抗洪排涝能力，促进城市生态环境的改善（图3-4f和图3-4h）。这些设计内容将有助于保障公园后期的安全维护和管理，并激发区域特色文化活力，使徐山山体公园成为一个符合当代生态理念和文化传承的绿色文化公共空间。

徐山山体公园景观营造规划项目旨在通过保护和提升自然生态环境，保留原生植被、保护野生动植物栖息地，实现人与自然和谐共生；同时打造具有地域特色和文化内涵的景观，体现徐山本土文化，吸引游客和市民前来游览；优化游览路线和设施设置，增加便利设施，确保安全和舒适，提升游客体验；设立生态展示区、环境教育中心，积极开展环境教育活动，提高生态保护意识和参与度；融入智慧科技手段提高管理水平，提供便捷游览服务；注重景观维护和管理，保持景区整洁、有序、安全，提升品质和形象，打造宜游宜居的旅游胜地；同时设立不同功能区域，满足各种需求，打造开放式的山体公园景观，促进社会功能包容性的发展。

（1）突出自然环境：以保护和提升自然生态环境为重点，致力于保留原生植被，维

(a) 生态修复　　(b) 道路　　(c) 景观
(d) 建筑　　(e) 管线　　(f) 海绵城市
(g) 文化　　(h) 土地

图 3-4　徐山山体公园总体规划设计

护原有生态系统的完整性,以及保护野生动植物的栖息地。通过科学的生态规划和管理措施,建立生物多样性保护机制,促进野生动植物种群的繁衍与生长,实现人与自然的和谐共生。同时,深入研究徐山山体的地理特征和气候条件,结合当地自然生态环境的特点,设计合理的景观布局,以建设一个生态友好、景色优美的山体公园,为游客营造一个亲近自然、感受自然之美的休闲场所。

(2) 塑造景观特色:通过打造具有地域特色和浓厚文化内涵的景观,以体现青岛徐山独特的本土文化,并将景观特色融入设计全程,如 LOGO(徽标或者商标)设计(图 3-5)。在景观规划中融入具有当地特色的建筑风格、园林布局和文化符号,将传统文化元素与现代景观设计相结合,使徐山公园呈现出独具韵味的景观特色,展现该地域独有的风景和文化底蕴。采用具有代表性的景观元素和装饰物,如文化墙画、雕塑雕刻、传统园林等,打造富有地方特色和历史传承的景观空间,引导游客感受当地浓厚的文化氛围。通过景观设计的独特性,吸引更多游客和市民前来参观游览,提升公园的知名度和吸引力,实现景区文化价值和旅游经济效益的共同提升。

(3) 提升游客体验:着重优化景区内部的游览路线和设施设置。通过合理布局景点和路径,打造更加流畅和便捷的游览线路,引导游客更好地体验公园的自然风光和文化魅力。同时,增设便利设施,如休息亭、公共厕所、饮水点等,提供便利的服务,以确保游客在游览过程中的安全和舒适。此外,充分考虑无障碍设施的设置,让各类游客都能轻松畅游，享受到公园所带来的美好体验。通过优化路线与便利设施的设置，打造一个更加友好、便捷和舒适的游览环境，让游客在徐山山体公园留下难忘的回忆。

图 3-5　徐山文化公园 LOGO

（4）强化环境教育：着重强化环境教育，以提高游客和市民对生态保护的认知和参与度。设立生态展示区和环境教育中心等，通过生态展示区展示当地植物、动物及生态系统，引导游客深入了解自然生态环境的珍贵性和脆弱性。环境教育中心定期举办生态主题讲座、工作坊和亲子活动，开展生态考察和户外教学等环境教育活动，吸引游客和市民参与其中，以增强对自然环境保护的责任感。通过互动性强的教育活动，让参与者亲身体验生态保护的重要性，激发对环境的热爱和保护意识。这些环境教育举措有助于培养游客和市民的生态环境保护意识，推动社会各界共同参与生态保护，为徐山山体公园的可持续发展和自然保护作出积极贡献。

（5）融入智慧科技：积极融入智慧科技，运用现代科技手段提升景区管理的智能化水平，为游客提供更便捷的游览体验。通过引入智能导览系统，游客可通过手机 APP 或导览设备获取详细的景点信息和导览路线，方便自主游览，深入了解景区的特色和历史。同时，通过部署环境监测设备，实时监测空气质量、水质情况等环境参数，确保游客在公园内的健康与安全。此外，智慧科技还可应用于智能门禁系统、智能停车管理系统等，以提升景区管理的效率和服务水平。通过融入智慧科技，徐山山体公园可实现智能化管理，为游客提供更便捷、个性化的游览体验，进一步提升景区的吸引力和竞争力。

（6）提升景区品质：通过加强景区的清洁工作，保持景区的整洁与有序，为游客营造一个宜游宜居的环境。定期开展景观保养工作，修剪植被、清理垃圾、美化环境，使景区充满生机与活力。同时，加强安全管理，设置警示标识、加装护栏等安全设施，确保游客的游览安全。借助现代科技手段，如监控系统和智能设备，加强对景区管理的监控与处理，及时发现和解决问题，提升景区的规范化管理水平。通过维护与管理，徐山山体公园可保持整洁美丽的环境，从而可提升景区的形象和品质，打造成为一个令人向往的宜游宜居的旅游胜地。

（7）包容社会功能：为包容更多社会功能，徐山山体公园的景观营造规划设计将设立休闲娱乐区、文化活动区等功能区域，以满足不同群体的需求，打造一个多功能、开放式的山体公园景观。休闲娱乐区将设置休闲座椅、儿童游乐设施等，为游客和市民提供放松身心的空间，促进其有一个健康的生活方式。同时，文化活动区将举办各类文化庙会、艺术展览等活动，丰富公园文化内涵，增加游客的文化娱乐选择，推动当地文化的传承和发展。此外，公园还将设立公共健身区、晨练广场等区域，提供运动健身设施，满足市民健身需求，增添社区活力。通过设置不同功能区域，徐山山体公园将成为一个包容多元社会功能的公共空间，为游客和市民提供丰富多彩的休闲娱乐和文化活动选择，打造一个充满活力和社交互动的开放式山体公园景观。

### 3.2.3 景观设计策略

（1）自然融合策略：景观设计应充分融合自然元素，注重保护原生植被和地形地貌，利用山水等自然元素打造生机盎然具有自然韵味的景观。

（2）文化体现策略：考虑当地历史文化和地域特色，通过景观设计体现青岛徐山的本土文化，如艺术雕塑、文化墙等，塑造具有独特文化内涵的景观。

（3）游客体验策略：优化游览路线、景点设置和服务设施，提升游客游览体验，设计符合人体工程学的休息点和便民设施，确保游客安全和舒适。

（4）生态保护策略：设计合理的绿化带和生态廊道，保护野生动植物栖息地，并采取生态修复措施，促进生物多样性和生态平衡，实现人与自然的和谐共生。

（5）环境教育策略：设立生态展示区、环境教育中心等，开展生态主题活动和教育课程，增强游客对生态环境保护的意识和认识。

（6）智慧管理策略：结合现代科技手段，如智能导览系统、环境监测设备等，提高景区管理智能化水平，为游客提供便捷的信息服务和良好的管理体验。

（7）绿色建设策略：在景观设计中注重节能环保和可持续发展原则，采用环保材料和绿色建筑技术，减少对环境的影响，保护自然资源。

## 3.3 分区规划

改造后的徐山文化公园总占地面积为 $0.34km^2$，徐山山体生态修复工程一期投资超1亿元，设计增绿补绿 $11.4×10^4m^2$，边坡修复 $1.4×10^4m^2$，建设消防通道3000m，新建消防水池 $400m^2$。针对徐山山体公园的设计，设计方案充分利用了现有资源，结合现有消防通道、土路和平坦场地，以完善绿道系统和活动空间为主要目标，旨在修复山体自然风貌，丰富公园空间的结构、功能，以及人文游览体验。为了实现这一目标，设计方案将重点优化南、北多处的入口，并通过连通环山步道的方式，打造一个连贯的山体徒步游览系统。同时，利用路侧裸露、空置、林下和山顶区域，设计特色节点，以丰富公园的景观特色和体验（图3-6）。

设计方案还将注重保护和优化山体生态林地，以确保公园的生态环境和自然风貌得到有效保护和提升。结合徐福和齐长城的历史文化特色，设计方案彰显了公园的历史文化价值，打造出具有独特历史意义和文化内涵的游览空间。设计团队努力将公园打造成区域的"文化型山头公园"，为当地居民和游客创造一个融合自然、历史和文化的宜人游览场所。通过综合性的规划和设计，徐山山体公园将成为一个既具有生态价值又具有历史文化底蕴的独特游览目的地，可为当地社区和游客带来丰富而有意义的体验。

整体规划后的徐山山体公园被划分为三大景观分区，包括"泱泱齐风""苍林古韵"

| | | | |
|---|---|---|---|
| ① 齐国文化墙 | ② 无障碍坡道 | ③ 服务建筑 | ④ 停车场 |
| ⑤ 徐山广场 | ⑥ 齐桓公雕塑 | ⑦ 齐桓公雕塑 | ⑧ 林荫平台 |
| ⑨ 长城栈道 | ⑩ 游步道 | ⑪ 郊野乐园 | ⑫ 松风漫步 |
| ⑬ 休憩空间 | ⑭ 登山小路 | ⑮ 故垒漫道 | ⑯ 齐长城展示点 |
| ⑰ 次入口 | ⑱ 齐国科普园 | ⑲ 齐长城端头展示面 | ⑳ 古韵小道 |

图 3-6 徐山山体公园总平面图

和"郊野游乐"。每个景观分区的入口设置均体现了徐福文化和长城文化的核心价值，呈现出一种融合历史文化和自然景观的魅力。其中，泱泱齐风区展现出壮丽的山水风光，苍林古韵区则传递着悠久的历史文化底蕴，而郊野游乐区则提供了休闲娱乐和户外活动的场所。

通过环山绿道游线的设置，这些景观分区被巧妙地连接起来，依托现有资源打造出多个独具特色的景观节点。这一规划方式构建了"一心、一环、三区、十点"的景观格局（图 3-7），可为游客提供全方位、多元化的游览体验。游客可以在不同的景观分区之间流连徜徉，感受自然风光和历史文化的交融之美。整体规划的设计不仅丰富了公园的景观元素，还提升了公园的整体品质和吸引力，使徐山山体公园成为一个集自然风光、历史文化和休闲娱乐于一体的理想游览目的地。通过合理布局和设计，徐山山体公园将为游客带来全新的山水文化体验，可助力地区旅游业发展并提升其整体形象。

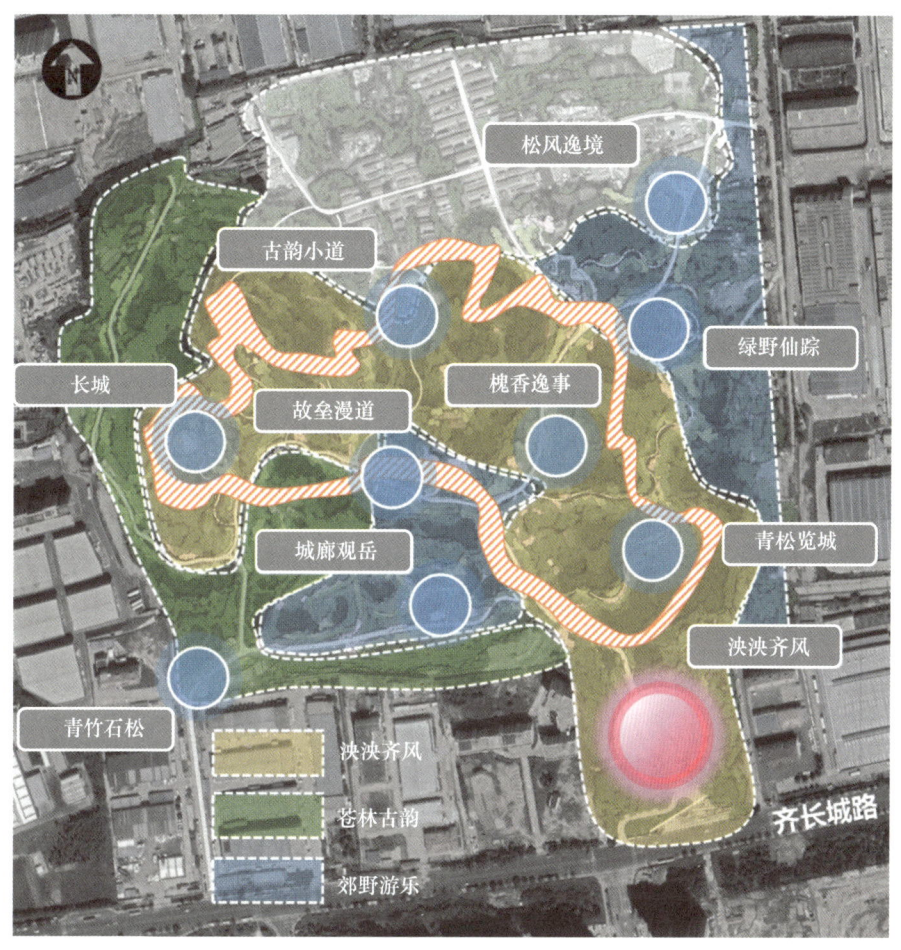

图 3-7　徐山山体公园总体景观格局

规划建设完成后的徐山山体公园将以丰富的历史元素和深厚的历史背景为城市增添独特的文化底蕴。这一公园的建成不仅将丰富城市的历史文化内涵，还将进一步完善城市的功能布局，提升城市的整体品质，改善人居环境。公园作为具有浓厚历史背景的文化空间，将为城市增添一道独特的风景线，丰富居民和游客的文化生活。

规划和建设这个具有重要历史意义的徐山山体公园，将为城市的发展注入新的活力，提升城市的知名度和形象。同时，公园的建成也将进一步改善城市的环境质量，为居民创造一个休闲、娱乐和文化学习的场所。这不仅有助于提升城市的品位，也将增强居民的生活幸福感和满足感，促进城市居民精神文化生活的丰富与提升。总的来说，徐山山体公园的规划建设对于城市的文化传承、城市形象提升及居民生活质量的改善都具有重要意义，也将为城市的可持续发展和社会进步做出积极贡献。

### 3.3.1 泱泱齐风——中南区文化景观

根据设计理念"游琅琊海寻桓公，览山探景思齐韵"，徐山山体公园规划设计过程中"泱泱齐风"的中南区文化景观区的整体设计思路将突出"齐文化"的历史底蕴和独特韵味，打造一个融合自然景观和人文景观的富有历史气息的空间。设计思路包括以下几个关键要素：

① 融合历史文化：景观区将融合古代齐国历史文化要素，通过景观、建筑、文化符号等方式，展现齐国的风采与韵味，让游客感受历史的气息。

② 自然与人文结合：景观区将注重自然生态和人文景观的有机结合，营造出富有韵味的自然景观，与历史文化元素相互呼应，形成统一的设计风貌。

③ 强调参与互动：设计思路将注重游客的参与性和互动性，通过展示、体验、互动等方式，让游客深度了解齐文化，激发游客的学习兴趣和探索欲望。

④ 创造多样体验：景观区将创造多样化的观赏、休闲、互动体验空间，包括观景平台、文化展示区、互动体验区等，让游客享受丰富多彩的游览体验。

⑤ 强调环境保护：设计理念将注重环保概念，保护原生环境，倡导可持续发展理念，确保景观区的自然生态环境得以保护和提升。

⑥ 提升文化传承：通过设计思路强调齐文化的传承和弘扬，利用景观区的展示、教育等功能，传承齐国历史文化，唤起人们对传统文化的尊重和热爱。

⑦ 塑造特色形象：设计思路将通过独特的景观布局和景观造型打造具有齐国特色的景观形象，表达齐国的独特氛围和历史意义，使其成为当地的历史文化名片。

在徐山山体公园规划设计过程中，设计内容将围绕入口、景墙、甬道、植物造景、广场、文化墙、齐文化科普园和齐长城遗址展开，以展示"齐文化"的历史和韵味，打造一个融合自然景观和人文景观的文化空间。入口门户设计方面，入口将设计为华丽壮观的拱门或牌坊，上方悬挂着"泱泱齐风"的巨型字样，欢迎游客的到来。入口门户是展示"齐文化"氛围和历史底蕴的重要标志。景墙装饰方面，围绕景区设置装饰性景墙，通过雕塑、壁画等形式展现"齐文化"的精髓和历史文化特色，营造出浓厚的历史氛围。甬道设计方面，设计古朴典雅的甬道，沿途设置石碑、文化雕塑等文化元素，引导游客逐步领略"齐文化"的韵味和历史魅力。植物造景方面，利用本地植被资源进行植物造景，打造生态环境友好的景观，同时栽种符合"齐文化"主题的植物，在景区内营造出古色古香的景观氛围。广场规划方面，设置宽阔的广场空间，提供游客休憩和活动的场所，举办文化展示、表演等活动，为游客带来丰富多彩的文化体验。文化墙设计方面，设计展示齐文化历史故事和人物传记的文化墙，通过文字、图片等方式向游客介绍齐国的历史、文化，同时展现当地的风土人情。齐文化科普园方面，建设"齐文化"科普园，利用现代科技手段展示"齐文化"的传承和发展，吸引游客参与，增强文化学习的趣味性和互动性。齐长城遗址保护方面，对齐长城遗址进行修复和保护，设置解说牌展示齐长城的历史渊源，供游客学习和参观。

通过上述设计内容，徐山山体公园规划设计将充分展现齐国的历史文化底蕴和精神内涵，力求打造一个集自然美景和文化景观于一体的独特旅游目的地，为游客带来全新的历史文化体验。其中，中南区文化景观区将成为一个富有"齐文化"底蕴和历史内涵的精彩场所，为游客提供深度、丰富的历史文化体验，让人们在探索中感受齐国的魅力与智慧。

(1) 南入口大门和景墙

"泱泱齐风"中南区的南大门奠定了入口空间的特色，以齐鲁毛石景墙为主体，彰显着齐文化的魅力（图3-8a）。精心设计的入口强调了无障碍通道的设置，体现了人性化设计理念，并融入了徐山文化的寓意。借助山林的气势和文化内涵，将山石、雕刻和松林相融合，与自然和谐共生，使徐山的古韵得以升华。景墙作为围合空间和引导视线的重要元素，巧妙地将"齐文化"融入其中，呈现出独特的观赏特点（图3-8b）。通过精湛的雕刻工艺和文化符号的巧妙运用，景墙不仅承载着历史文化的积淀，也展示出现代景观设计的精髓。

"泱泱齐风"中南区的设计形成了一个具有深厚文化底蕴和独特风貌的入口空间，为游客带来了身临其境的"齐文化"体验。每一处细节都彰显着设计师的用心与文化情怀，使整体空间呈现出一种综合性的美感和人文韵味，为徐山山体公园中南区增添了一道亮丽的文化景观，引领游客走进历史的长廊，感受"齐文化"的博大精深。

(a) 中南区"泱泱齐风"南大门

(b) 中南区"泱泱齐风"景墙

图3-8　"泱泱齐风"设计示意

(2) 南入口甬道及植物景观

南入口甬道精心融入徐山在地精神，打造了一座文化堡垒，采用特色黄锈石铺装并结合着砾石和片岩挡墙，独具匠心地构建了沉浸式的景观体验空间。顺着甬道前行，仿佛穿越时空，让人感受到徐山深厚的历史文化底蕴和独特的风貌（图3-9a）。

在南入口甬道的设计中，不仅注重材料的选择和搭配，更重要的是将场地原生景石与各种植物巧妙融合，打造出独具特色的景观造景。蜿蜒曲折的甬道两侧，错落有致地点缀着各式景石和树木，营造出一种与自然亲近的感觉，让游客在探索中感受到自然之美与文化之韵的完美融合（图3-9b）。

(a) 南入口甬道

(b) 场地原生景石与植物景观

图3-9　南入口甬道设计

这样的设计不仅展示了设计师对地域文化的尊重和挖掘，也为来访者带来了一场身临其境的文化之旅。南入口甬道的独特设计，让游客在走进徐山的同时，体味到一种别具一格的景观体验，成为徐山山体公园中一道独具特色的风景线，让人在怀古思今中享受到身心的愉悦和放松。

（3）徐山广场

在徐山广场的环形场地上，展现了一幅意蕴悠长的立体画卷，体现了古老文化的传承之美。沿着曲线优雅的瓦当铺装，仿佛穿越时光隧道，与场地的历史沿革感完美地融合在一起。每一块瓦当都承载着岁月的沉淀，散发着古老而沧桑的韵味，勾勒出历史的厚重和文化的底蕴（图3-10）。

在这个广场上，文化与自然相互交融、碰撞，勾勒出一幅宁静而优美的画面，展示出人与自然和谐相处的理想境界。静静走在广场上，仿佛置身于一幅立体的文化画卷中，身心得到深深地净化和抚慰。广场所传递的不仅仅是齐文化的魅力和深邃的内涵，更是对美好生活的向往。

文化的熏陶与自然的恩赐共同构筑了广场上这幅美丽画卷，令人流连忘返，留恋徐山的那份独特韵味。徐山广场不仅仅是一个休闲放松的场所，更是一个承载着文化情怀和历史记忆的精神家园，让人们在这片净土上感受岁月的静好和文化的厚重，体味着生活中的那份至美至真。

图 3-10　徐山广场

齐桓公凛然磅礴地南下琅琊，胸怀大志，展现出雄伟壮丽的气势。在琅琊山脚下，矗立着一尊栩栩如生的齐桓公巍然石雕，雕像雄姿英发，仿佛重回历史的风云时刻；此外，雕像庄严肃穆，气场凛然，也让人仿佛能够感受到齐桓公当年的英明神武和智慧风范，彰显出齐国古代文化的壮阔气象（图3-11a）。

在"齐桓公南下琅琊"的景点周围，繁花绿树掩映着巍峨的山石，植物造景与特色庭院灯巧妙相融，营造出一种自然与人文相融合的和谐氛围。特色庭院灯点缀其中，为整个景区增添了一份神秘与温馨，夜晚灯光璀璨，照亮齐桓公胜利南下的道路，让人倍感肃穆庄严（图3-11b）。

在这个充满历史沧桑和文化底蕴的场所，人们仿佛能够穿越时空，与齐桓公一同踏足琅琊，体会那段古老而激荡的历史。"齐桓公南下琅琊"石雕，植物造景与特色庭院灯的完美融合，不仅展现了文化景观的魅力，更是对"齐文化"的传承与弘扬，让人们在这里感受到一场别样的文化之旅，回味着古代齐国风采，沉浸在历史的长河中。

(a) 徐山广场齐桓公石雕　　　　　　(b) 徐山广场植物造景与特色庭院灯

图 3-11　广场设计示意

（4）齐文化墙与故垒漫道

齐文化墙的设置使史料的情景再现，我们得以窥见古代齐国的兴盛与齐长城兴建的过程。春秋时代，齐国崛起为东方泱泱大国，勤劳与智慧并重的劳动人民为国家建设付出了巨大的努力。齐国强盛的雄风吸引了无数人的目光，作为春秋时期首霸和战国七雄之一，展现了一幅泱泱大国的壮丽景象（图 3-12a）。在齐国兴盛的时代背景中，齐长城的兴建成为一项重要工程，彰显了人们的集体智慧和工匠的高超技艺，也凸显出了人们对家园的热爱和维护，体现了古国人们生活的繁荣昌盛。

二千五百年前齐国的兴盛，不仅体现了劳动人民的勤劳与智慧，更展现了齐国作为春秋时期的东方霸主所展示的雄风。兴盛的齐国和雄风凛然的齐长城彰显着古代中国的繁荣与壮丽，为后人留下了一段璀璨的历史篇章，也为今人提供了宝贵的历史经验和启示，设计师在规划的过程中希望通过徐山所在地将此展现给各位游客。

古时齐长城的一处关隘坐落于徐山，这座历史关隘沿袭了千年历史，见证了古代齐国的繁荣与荣光。如今，设计师按照历史舆图的指引，重新追寻故垒的风貌，力求保留和重现古时的辉煌景象。为了让游客可以近距离感受历史的沧桑与厚重，设计师打造了一条沉浸式景观漫步道——将游客引领至齐长城南部的故垒漫道（图 3-12b）。

(a) 齐文化墙　　　　　　　　　(b) 故垒漫道

图 3-12　齐文化墙和故垒漫道

故垒漫道蜿蜒盘绕在齐长城的脚下，串联起东西两地的交通要道，为人们开辟了一段质朴且古朴的漫步之路。道路两旁铺设着嵌草旧石板，旧石板凝聚了岁月的沧桑，散发着古韵气息，营造出一种古老而质朴的景观氛围。漫步在道路上，游客仿佛能够穿越时光，与古代的壮丽建筑和历史遗迹相呼应，感受古国古城的风采与庄严。

这条漫道的设计不仅是游客们探寻历史的重要路径，更是对古代齐国文明的致敬与传承。通过打造这条氛围融合古韵的漫步道，我们希望让人们在这里感受到古代文明的魅力和历史的厚重，体验那段古老而激荡的时代。

（5）春秋文化墙

春秋文化墙作为主要景点元素，是以黄锈石为基底材料之一打造的书简形式的文化景墙。设计理念在于通过复刻古代齐国历史典故，营造出一个展示历史文化的场所，为游客提供一种沉浸式的体验。在设计过程中，历史专家和设计师精心策划，挑选了具有代表性的齐国历史故事和典故，将其刻印于文化景墙之上（图3-13）。

花岗岩材质的黄锈石基底为文化景墙提供了坚实的支撑，使整个景观更加稳固和气势磅礴。墙面上精细雕刻的古代齐国历史典故，如齐桓公南下、齐长城兴建等重要事件，每一幅图案都生动展现了当时的场景和人物形象。游客可以沿着景墙漫步，看着墙面上的故事，仿佛置身于古代齐国的历史之中，感受那段悠久而璀璨的历史文明。

春秋文化墙的设计注重历史文化传承和创新融合的平衡，旨在让游客在欣赏景墙的同时，深入了解古代齐国的历史渊源和文化内涵。这里的每一处细节都经过精心的设计和雕琢，体现了设计师对历史的尊重和热爱，为游客提供了一个独特的沉浸式的文化体验。通过春秋文化墙的展示，人们可更加深入地了解和感受古代齐国文明的魅力和丰富内涵。

图3-13 春秋文化墙

（6）齐国科普园与齐长城遗址

齐国科普园和齐长城作为主要景点要素呈现出独特的设计理念与沉浸式的体验。科普园中展示了齐国的名人及历史典故，通过各种形式的互动，创造了一种充满历史文化底蕴的景观氛围，让游客仿佛置身于古代齐国盛世之中，与齐风共同为伴，并感受其留下的历史烙印。

在科普园中，齐国名人的雕像或立碑栩栩如生地展现在游客面前，伴随着历史典故的解说，人们可更深入地了解齐国的历史与文化。与此同时，园内设计的互动体验项目也增加了参与感和趣味性，让游客在亲身体验中领略到齐国的智慧与魅力（图3-14）。

齐长城蜿蜒于徐山山脊，作为景观的重要组成部分，承载着古国的繁荣与兴衰历史。镌刻着岁月痕迹的齐长城，古老而又壮丽，每一层夯土都见证着岁月的流逝和王朝的兴衰。它以最贴近人们的方式，通过雄壮的石垒和优美的线条，坚定而内敛地讲述自己的故事，引人思考古国之兴盛与式微，感受历史的沧桑与当下的交融。

整个景点的设计过程注重历史文化传承和沉浸式体验的结合，力求展现出古代齐国的辉煌与文明,带领游客深入地体验齐国名人和历史典故的魅力,以及齐长城所蕴含的厚重历史感。通过这种设计,景点为游客提供了一个体验历史、感知文化的独特机会,让游客在沉浸式的氛围中深刻感受古齐国文明的辉煌与魅力。

图 3-14　春秋文化墙

## 3.3.2　苍林古韵——西区森林景观

在徐山山体公园规划设计过程中,"苍林古韵"西区森林景观区的设计思路融入了"千年故垒,残墙复景,忆齐辉"这一主题,旨在打造一个充满古韵与历史痕迹的森林景观区。在这片区域,故垒和自然环境相互交融,呼应着大自然与人类文明的共生关系。

设计团队以保护自然生态环境为前提,精心规划了西区森林景观区,注重营造一种融合了自然与人文元素的独特景观。

首先,通过保护现有树木和植被,尊重自然生态,创造出一个生机勃勃的森林环境。深绿的树影交错,清新的空气弥漫,让人仿佛置身于一片原始森林之中。

其次,景观区的设计中加入了残墙遗迹复原和再现的元素。这些残墙作为历史遗迹,与周围的树木和植被形成对比,勾勒出历史与现代、人类和自然之间的和谐共生之美。游客可以漫步在森林中,感受古老文明的韵味,沿着残墙遗迹走过,想象着千年前齐国的辉煌。

最后,在整体设计思路中注重营造一种宁静、祥和的氛围,让游客在这片森林景观区中得到放松和沉思。设置休息区和观景平台,让游客可以在林间小憩,欣赏自然美景,感受历史文化的厚重。同时,通过合理的路线规划和指示牌设置,引导游客体验和探索这片古韵森林景观区,让他们从中领略到历史文化与自然美景的融合之美。

在徐山山体公园规划设计过程中,"苍林古韵"的中南区文化景观区的整体设计以"千年故垒"为主题,通过残墙再现,重现齐国的光辉历史。林间石台、徐福车辙石以及生态整治区域等元素被巧妙地融入设计中,打造出充满古韵的景观氛围。林间石台作为景观区的一部分,融入了山林的自然景观之中,石台的石材精美细腻,质感沉稳,与周围的苍翠林木相得益彰。游客可以在林间石台上休憩,俯瞰远处的风景,感受大自然的清幽和宁静,体会自然与人文的和谐共生。徐福车辙石则是对历史文化的致敬和再现,这些石头模拟着古代交通工具车辙的形状,与徐山历史和齐国辉煌的过去相呼应。车辙石的摆放方式与设计布局形成一种别具特色的景观,让人们仿佛回到古代的交通场景,想象古人徐福经过这里留下的车辙印记。生态整治区域则是对环境保护和生态恢复的重视。在这一区域内进行植被的修复和生态环境的恢复，以保护当地的生态系统和生物多样性。通过合理规划和科学管理，生态整治区域成为山体公园规划设计中的一大亮点，为游客提供了一个清新、绿色的休闲场所。

整体设计思路以"苍林古韵"为主题，注重历史与自然的融合，通过林间石台、徐福车辙石和生态整治区域等设计元素，打造了一个充满古韵与魅力的森林景观区，创造出一个充满历史文化韵味和生态美感的景观区域，为游客提供了一个感知历史、享受自然的美好场所。这些设计内容不仅展现了齐国历史文化的魅力，也体现了对自然生态环境的尊重和保护。游客在此处能够身临其境地感受古代文明的辉煌，与自然和谐共生，体验历史与现代相融合的美妙感觉。

（1）林间石台

"苍林古韵"西区森林景观区的林间石台（图 3-15a）是整体设计中的重要景点元素，旨在修旧如旧，保持空间的质朴面貌，并接近地貌原生态，展现出古朴风貌。石台上点缀着草木香槐，人们可小憩闲赏，感受山间清风与晨间云雾的清新气息。原生黑松在平台间自由舒展、延伸，拉近人与自然的距离，让游客与自然亲密接触。

林间石台的设计注重对地貌原生态的保护和呈现，以保持景区的自然原始质朴风貌。石台上精心布置草木香槐，增添了一丝清新的气息，营造出一种静谧而宁静的氛围。游客可以在此静静欣赏周围的景色，感受大自然的魅力（图 3-15b）。

原生黑松的自由舒展和延展，为林间石台增添了一份独特的韵味。黑松树的翠绿色与石台的素雅之美相互辉映，打造出一种与自然亲密接触的氛围。在这个空间中，人们可以尽情感受自然的恩赐，与黑松树共舞，体验大自然的神奇与宁静（图 3-15c）。

(a) 林间石台区位

(b) 林间石台地貌

(c) 林间石台黑松

图 3-15　林间石台设计

此外，林间石台还设置了齐国典故牌，通过历史风貌的延续和再现，打造了一种沉浸式的氛围体验。游客可以在触摸历史的同时，与自然相融合，体会古与今的完美交融。整体设计过程注重保持景区的原生态和古朴风貌，展示出一种内敛而美好的自然景观，让人们在这里可以感受大自然的奇妙和历史文化的魅力。林间石台作为景区的亮点，为游客提供了一个与自然亲近、与历史沟通的独特场所。

（2）徐福车辙石

"苍林古韵"西区森林景观区的徐福车辙石景点，位于中部位置（图3-16a），设计团队在整体设计中运用徐山本土民俗典故，通过设置文化科普牌，与场地产生呼应，打造出一个充满历史文化内涵的独特景点。

徐福车辙石景点的设计灵感来源于古代传说中的徐福，据说徐福乘船出海求仙，之后返回时驾着的车辆留下了车辙印记，这些古老的车辙石成为了景点中的重要元素。设计团队通过对车辙石的精心布置和搭配，营造出一种古老而神秘的氛围，让游客仿佛能够感受到徐福追求仙途的历史情节（图3-16b）。

景点中设置的文化科普牌，为游客提供了关于徐福、车辙石等相关历史文化知识的介绍和解说，可使游客更加深入地了解该景点的历史渊源和文化背景。科普牌与景点中的车辙石相互呼应，仿佛带领游客穿越时光，回顾古代传说中徐山本土民俗典故。

整个设计过程注重对本土文化的挖掘和传承，通过徐福车辙石景点的打造，展现出徐山悠久的历史底蕴和文化传统。设计团队求以客观的视角，通过布局和设计元素的呼应，营造出一个具有独特魅力和历史渊源的景点，让游客在探索中感受历史的厚重，体验文化的魅力。徐福车辙石景点作为"苍林古韵"西区森林景观区的亮点之一，为游客提供了一个与古代传说和历史文化亲密接触的场所，让人们在欣赏自然景致的同时，感受到文化的魅力和历史的沉淀。

(a) 徐福车辙石区位　　　　　　　　(b) 徐福车辙石景点

图 3-16　徐福车辙石设计

（3）生态整治区域

"苍林古韵"西区森林景观区的生态综合整治景点，以石块垒作草阶，起伏于半山腰，为景区增添了独特的景观元素。这些草阶不仅形成了起伏有致的地形，还为合适的植被提供了生长空间。适生的乔木、灌木和草本植物搭配种植，春花烂漫之时，将景点装点得如诗如画，不仅仅是一处极佳的观景场所，还起到海绵生态场所的作用（图3-17a）。

设计团队注重保留原生的黑松和刺槐基底,这些植被是景区的重要生态资源,为景区增添了独特的森林气息。通过整理地被、打造郊野草甸以及野花组合,营造出幽静、大气的自然景观氛围。郊野草甸和野花组合盛开时,可吸引众多蝴蝶、蜜蜂等昆虫,增加景区的生态多样性,为游客呈现出一幅生机勃勃的景象(图3-17b)。

生态综合整治景点不仅关注景观效果,更重视生态环境的保护和恢复。通过合理的植被搭配和地形布局,为自然生态提供良好的生长条件,促进植被的生长和繁衍。同时,景点的海绵雨水设计有效地收集和利用降水,可减少水土流失,提高景区的生态稳定性。

整个设计致力于保护和激发自然生态系统的活力,通过栽植植被、打造地形,有效整治和利用生态环境资源,为游客提供一个环境优美、生态良好的休闲游览场所。生态综合整治景点成为"苍林古韵"西区森林景观区的一大亮点,展现了设计团队对自然生态环境的尊重和保护,为游客带来与自然和谐相处的美好体验。

(a) 裸露土地生态整治　　　　　　　(b) 原生态黑松生态整治

图 3-17　生态综合整治

"苍林古韵——西区森林景观"是一个融合了丰富文化历史和生态环境设计理念的景观区。在这片景区中,林间石台、徐福车辙石和生态整治区域等景点点缀其中,共同展现了对自然生态和文化传承的重视与呵护。

林间石台展示了对于历史遗迹的珍惜和保护,在原始的石台上点缀草木香槐,营造出一个古老而神秘的氛围,让人们感受历史的厚重。徐福车辙石则讲述着古代传说与历史故事,通过文化科普牌向游客传达着丰富的本土文化内涵。

整个西区森林景观的设计理念强调对自然生态和文化传承的尊重与保护。通过融合自然美景和历史文化元素,营造出一个沉浸式的体验环境,让游客在欣赏自然美景的同时,感受到文化的魅力和历史的底蕴。景观设计的每一个细节都彰显着对生态平衡和文化传统的关心,让游客在这里获得身心的平静与愉悦。

"苍林古韵——西区森林景观"作为一个综合性的景观区,旨在打造一个融合自然、历史和文化的完美场所,让人们在这里感受到大自然的鬼斧神工和人文情怀的深厚内涵。设计理念突出生态和文化的双重价值,呈现出一幅和谐共生的自然与人文景观画卷。

### 3.3.3　郊野游乐——东区公园绿地

(1) 郊野乐园

"郊野游乐——东区公园绿地的郊野公园"是一个富有童趣的亲子乐园,依托山势环绕而建。设计团队将地标式的双层木屋构筑与地景式的环形剧场巧妙融合在山野景观中,共同构建一个能让孩子们尽情玩耍的乐园(图 3-18)。

图 3-18　郊野乐园

乐园保留了场地原生树木,采用了自然质感的设计语言,营造出一个让儿童能够走进自然、释放活力的环境。孩子们可以在这里与自然亲密接触,在运动和探索中感受大自然的美好,并与自然为伴。设计团队还设计了特色郊野系列儿童游乐设施,这些设施与场地氛围紧密贴合,为儿童打造了沉浸式的体验环境。

整个设计过程注重亲子乐园的童趣和教育性,旨在让孩子们在玩耍中感受自然之美,激发他们对大自然的热爱和探索欲望。通过巧妙的空间布局和构筑设计,营造出一个兼顾娱乐和教育的乐园,让孩子们在玩乐中得到启发和成长。

"郊野游乐——东区公园绿地的郊野公园"作为一个以亲子乐园为主题的景点,突出童趣和与自然的互动性。设计融合了当地的自然环境和建筑特色,注重孩子们的游玩体验和成长教育,为他们提供了一个融合自然、教育和娱乐的完美场所。通过与自然的亲密接触和体验,孩子们能够在这里畅快游玩,释放天性,感受生活的乐趣和美好。

(2)郊野漫步道

"郊野游乐——东区公园绿地的郊野登山漫步道"是一个融汇自然风光与人文体验的登山漫步道。设计团队在打造这条漫步道时注重保留原生树木,让人与自然和谐相处,营造出一处让人心旷神怡的绿色空间。这条登山漫步道不仅是一条供人休闲健身的道路,更是引领徐山的山、水、林、路生态体系完善的重要组成部分(图 3-19)。

在登山漫步道的设计过程中,设计团队充分考虑自然生态和人类活动的融合,将原生树木作为道路两侧的绿化植被,为徒步者提供清新的空气和自然的阴凉。漫步道沿途景色宜人,山、水、林、路相映成趣,人置身其中,仿佛进入了一幅大自然的画卷。每一次的登山行走,都是一次与自然亲密接触和感悟自然之美的过程。

登山漫步道的设施设置合理，方便游客进行休息和观赏。路线设计巧妙，有起伏和坡度适中的地形，既能增加登山的挑战性，又不至于过于艰难。漫步道的景观观赏点设置巧妙，每到一个景点都能让人看到不同的山水风光，体会到徐山独特的生态美景。

"郊野游乐——东区公园绿地的郊野登山漫步道"带领着人们融入自然的怀抱中，感受大自然的宁静和美丽，让人重新认识并珍惜生态环境。这条登山漫步道不仅是一条体验自然之美的路径，更是一个让人心灵得到净化和放松的场所，可为游客带来一次与自然的美妙邂逅。

图 3-19　郊野漫步道

（3）北入口广场

"东区公园绿地的北入口广场"是一个利用自然地形高差巧妙设计的多功能场地，通过随形就势的方式，巧妙地利用场地的高差，采用自然毛石堆砌的分台设计。这样的设计不仅起到了消化高差的挡墙作用，还充当了天然的景观座椅，为市民提供了一个休闲、交流的场地空间。

在北入口广场的设计过程中，设计团队充分考虑场地原有的自然地形，灵活利用地势高差，利用毛石堆砌的方式打造分层的台阶设计。这种设计不仅美观大方，同时也能有效地消化地势高差，增加场地的层次感和动感。市民在此可以选择不同的台阶坐凳，欣赏周围的景色，休憩交流，营造出一种亲近大自然的惬意氛围（图 3-20）。

（a）北入口广场区位　　　　　　　（b）北入口广场全貌

图 3-20　北入口广场

北入口广场的设计细节体现了设计团队对于环境的细致观察和人性化考量。毛石堆砌的分台设计不仅起到了实用功能，还融入了自然元素，与周围绿地和植被相互呼应，打造出一处独特的场所。广场的设置为市民提供了一个户外休闲的空间,让人们在绿草、鲜花、清风中尽情享受片刻宁静和舒适。

"东区公园绿地的北入口广场"以其巧妙的形式设计和融合自然元素的理念,为市民提供了一个休闲交流的场地空间。广场的建设不仅提升了整体公园的景观品质,同时也展现了城市生活与自然环境和谐共处的美好图景。市民在这里可以感受自然的美好,享受休闲时光,从而可促进社区互动和人与自然的和谐关系。

"郊野游乐——东区公园绿地的郊野公园"是一个自然与人文紧密相融的景观区域,包括郊野漫步道、北入口广场等各个设计元素。设计团队充分利用自然地形和原生植被,巧妙地营造出一个兼具娱乐性和教育性的郊野乐园,为市民提供了一个与自然亲密接触、放松心灵的休闲场所。

在郊野公园的设计理念中,注重保留原生植被和自然地貌,强调人与自然和谐共生。通过郊野漫步道、分台设计的北入口广场等区域,营造了一个融合了自然和活力的空间。漫步道为游客提供了一条穿行自然风景的路径,让人们在漫步中感受大自然的宁静和美丽。

整个东区公园绿地的郊野公园以其与自然和谐相处、融合自然元素的设计理念而著称。设计师们通过巧妙的景观布局和艺术造景,为市民呈现了一个可以尽情游玩、探索和放松的场所,不仅展现了对自然环境的尊重和保护,更让人们重新认识生态环境的重要性。

"郊野游乐——东区公园绿地的郊野公园"体现了自然与人文共生的设计理念,为城市居民带来了一处轻松愉悦的郊野乐园。这个景观区域不仅是一个休闲娱乐的场所,更是一个让人们与自然和谐共处、感受大自然之美的空间。设计理念的体现使整个景观区域更加具有文化内涵和生态意义,为城市增添了宝贵的绿色休闲空间。

### 3.3.4 现状村落——北区人文建筑

在北区的人文村庄,按照青岛西海岸新区山头公园违法建设整治行动的工作部署,实施了违法建筑的拆除工作。设计团队坚持了"应拆必拆、应拆尽拆"的原则,迅速行动、统筹安排,以"严真细实快"的作风,全面推进了徐山山体公园违建治理工作,取得了实效。在这一系列的整治行动中,累计共拆除了 25 处违法建筑,涉及面积达 $2924m^2$,清理出 1 处占绿地的违建,共计 $1700m^2$。

通过这次整治行动,北区的人文村庄焕然一新,景观风貌发生了巨大的变化(图 3-21)。拆除违法建筑的行动彰显了对规划的严格执行,为整个区域的发展提供了清晰的方向。原本杂乱无章的建筑群被拆除后,整个村落焕发出新的活力,让人们眼前一亮。绿化带和开阔的空间使村庄更加通透和宜居,也为居民提供了更好的生活环境。

这次整治行动的成功实施,不仅改善了人文村庄的环境质量,也提升了区域的整体形象和发展潜力。北区的人文村庄经过整治后焕发出勃勃生机和活力,展现出了更加清新、宜居的景观风貌。这一系列的措施为整个徐山山体公园的生态修复和环境品质提升打下了坚实的基础,为未来的发展铺平了道路。

如今,在经历植被恢复和违建整改之后,北区的村落焕然一新,整体面貌得到了显著提升。特别值得一提的是人文要素的回归,使北区的人文建筑在经过改造后展现出独特的景色。设计后的北区村落呈现出了新的变化,体现出了与众不同的魅力。

   整治前

   整治后

图 3-21　北区原建筑整治前后对比

北区人文建筑经过改造（图 3-22）后，充分融合了当地的文化传统和现代设计理念，展现出独具特色的建筑风格。建筑外观和内部装饰注重细节，体现出精湛的工艺和设计水平。历史悠久的民居、寺庙等建筑在改造后焕发出新的活力，展现出了北区独特的文化底蕴和艺术魅力，成为当地的文化符号和地标性建筑。

北区的人文建筑将建筑材料的选择和绿色建筑的理念融入其中，提升了建筑的环保性和可持续性。建筑师们通过设计，在保留原有建筑风格和历史痕迹的基础上，赋予建筑更多现代元素，使之更加符合当代人的审美需求和生活方式。色彩搭配和造型设计上的巧思，为北区的人文建筑增添了活力和独特韵味。

北区村落更新变化的背后，体现了对传统人文建筑的尊重和创新发展的追求。人文要素的回归使北区成为一个新的文化风景区，可吸引更多游客和观众前来欣赏。整体的建筑特点展示了北区村落的独特魅力和文化底蕴，为当地的旅游和发展增添了新的亮点，也展现出北区新的活力和发展方向。

（a）北区村庄改造前　　　　　　（b）北区村庄改造后

图 3-22　北区村庄整治

## 3.4　景观要素实施过程

### 3.4.1　地形与交通

徐山作为拥有丰富历史文化遗产的地区，具有独特的山体地形特征，蕴含着深厚的

历史底蕴。其中，齐长城作为全国重点文物保护单位之一，承载着春秋时期的古代历史记忆，是中国现存有准确遗迹可考的年代最早的古代长城之一。2016 年，国家文物局批复了《齐长城-黄岛长城村至徐山段抢救性保护方案》，为该历史遗迹的保护确立了重要的方向。然而，由于专项资金短缺等原因，实施工作未能如期进行，徐山山体生态修复项目的出现为齐长城遗址徐山段的保护工程提供了资金支持和保障。

齐长城遗址位于徐山的山体之上，地势险峻曲折（图 3-23a）。在进行地质探索和改造工作时，设计师们需要深入了解山体的地形特点，合理规划设计方案。通过委托山东省古建筑保护研究院完成齐长城黄岛—徐山段维修施工图设计，并通过山东省文化和旅游厅审批，确保了设计的科学性和可行性。设计理念遵循因地制宜的原则，充分考虑徐山的山体地形特征，保护、修复和重建齐长城遗址，使其与周围的自然环境相互融合、共同呈现出悠久的历史风采（图 3-23b）。

齐长城的保护与改造工程不仅是对历史文物的珍视，更是对地形地貌的挖掘和利用。科学、持续、合理地保护、管理和利用齐长城遗址，有利于弘扬"齐文化"，提高当地居民对文物保护的重视，进一步提升山东的文化软实力和国际影响力。通过注重地质探索改造中的设计理念，为后续的景观设计和长城文化的因地制宜保护奠定了坚实基础，为徐山山体公园景观要素的实施提供了重要的指导和支持（图 3-23c）。

(a) 齐长城

(b) 齐长城遗址地貌

(c) 地形与地貌

图 3-23

在"青竹石松"东南入口通道上（图 3-24a），一条安静悠远的山路蜿蜒向上延伸，隐匿于青山之间。脚踏其间，扑面而来的是清新的山间空气和淡淡的松林清香。两侧翠绿的树木掩映着山道，仿佛在向游人展示着蜿蜒曲折的山势，似乎在诉说着山林生生不息的律动之美。在山腰处，一个宁静而幽雅的活动平台点缀其中，为远道而来的游客提供了歇息和观赏风景的理想之所。踏足于这片云中树冠之间的活动平台上，俯瞰远方，宁静而美丽的山川景致尽收眼底，仿佛置身于山林之美构成的一幅清新质朴的画卷之中。

踏入"寻山问道"入口通道（图3-24b），一条宁静悠远的山道在眼前延伸开来，静静地融入山脉之中。山道随着山势起伏，步道的蜿蜒曲线仿佛在模拟大自然的奇妙韵律，为前行的人们带来一种独特的视觉体验。两侧郁郁葱葱的绿树静静地守护着山道，为整个环境增添了一抹生机和清新。在这里，游客仿佛融入了山林的怀抱，远离城市喧嚣，静心倾听大自然的声音。登上山顶，寻觅山巅的道路，仿佛也是在寻找生命的方向和意义，在这静谧悠远的山林之间，人与自然和谐共生，共同构成了一幅迷人的山林画卷。

(a) "青竹石松"东南入口通道　　　　(b) "寻山问道"入口通道

图3-24　"青竹石松"和"寻山问道"入口通道

沿着"槐香逸事"登山漫步道，人们步行在垒石台阶上。这些石阶主要以当地石材为主，力求保持原生状态，以展现出空间的质朴面貌。石阶上点缀着各色草花和槐木，在来年春夏之际，花香弥漫，吸引着人们在此休憩，感受山间清风和晨间云雾。台阶起伏适宜，延伸于半山腰之间，石块垒作草阶，与乔灌草等植被交错，自然石块散落其中，营造出一种与自然和谐共生的景致（图3-25a）。

穿过"绿野仙踪"自然生态步道，踩着垒石台阶缓缓上行。这里的石阶选用了当地石材，保持了原生态的特质，展现出一种质朴的面貌。石阶旁种植着适生的草木，绽放的鲜花点缀其间，营造出一片繁花似锦的美景。这里不仅是人们聚集交流的场所，更是一个生态环境优美的景区。借助水收集和净化的过滤系统，实现了山林雨水的管理，让自然与人工工程相得益彰，也为这片山林增添了一处独特而具有生态意义的美丽景观。在这里漫步，不仅可以感受大自然的美好，还可以体验人与自然和谐共生的生态之美（图3-25b）。

(a) "槐香逸事"登山漫步道　　　　(b) "绿野仙踪"自然生态步道

图3-25　"槐香逸事"和"绿野仙踪"步道设计

## 3.4.2 广场与绿地

在"蓬莱东渡"徐山纪念园中,一个淳朴自然形式建构的纪念广场展现在人们面前。广场采用大面积生态碎拼和石雕等自然元素,与树木相融合,打造出轻松、自然的立体景观氛围。灵动的曲线巧妙地与场地的历史沿革相结合,展现出自然、人文与艺术的荟萃之美,使整个广场充满活力。这里的建筑、山水、石林相互融合,与山林共舞,形成了多重关系,呈现出公共空间包容的气质。纪念园通过驱动人们靠近自然,传承徐山的在地文化价值,让人们在这里产生不同层次的相互联结,感受人与自然和谐共生的美好(图3-26a)。

在"城台繁花"徐山北入口台地广场,山林之间的郊野生活剧场巧妙营造,因地形而应势,充分利用场地高差。广场采用自然毛石堆砌的分台设计,既起到消化高差的挡墙作用,又兼具天然景观坐凳的功能,为市民提供了休憩和欣赏的地方。这里定期举办节日活动和音乐表演,为市民提供一个丰富多彩的文化交流空间。广场上没有华丽的装饰,鼓励着人们相互交流互动,共同享受自然与艺术的盛宴。广场的设计使人们与空间、与自然、与他人之间形成紧密的互动,展现出一种生机勃勃、充满活力的公共空间氛围(图3-26b)。

(a) (b)

图3-26 "蓬莱东渡"徐山纪念园和"城台繁花"徐山北入口台地广场

环山绿道作为连接各个景观节点的主要景观游线,沿着山势顺势而生,形成了一条郁郁葱葱的绿荫环道。在绿道的几处聚集空间,设计师们巧妙地借取了自然元素,融入自然之中,营造出宜人的休憩场所。特别是山腰处的休憩平台,游客可以静坐其中,凝神感受自然,沉浸于移步易景、极目远眺的畅快之中。设计中刻意收窄视线,沿着悠长的绿道徜徉,游人的视线逐渐聚焦,仿佛置身山中桃源般的隐逸环境,看到错落景致逐渐显露,可让人们领略到自然风光的多样韵味(图3-27a)。

(a) (b)

图3-27 环山绿道和"郊野乐园"自然生态节点

"郊野乐园"自然生态节点对东侧的木料堆积场地进行了生态修复,增设了林下栈道、林地探索区、废物利用设施以及露营场地等。这里为孩子们提供了一个可以释放活力、在运动中探索与自然为伴的乐园,他们可以尽情玩耍、学习,感受大自然的奇妙之处,与四季更替、植物生长互动,可培养对自然环境的热爱和保护意识。这个充满生机和活力的生态节点为人们提供了一个亲近大自然、放松心灵的理想之地,让人们在自然的怀抱中找到快乐和平静(图3-27b)。

"寻山问道"入口处的景墙采用原石制成,色彩自然融合于山体环境之中。墙体上镂空的图案设计简洁大方,灵感取材于徐山传统故事,勾勒出了自然亲近、历史沿革的初见印象。特别是在红枫的映衬下,一艘寓意徐福东渡而去的古船在墙面上生动呈现,引导着人们向山的深处前行。这个景墙不仅在视觉上与山体环境融为一体,更通过图案和设计向人们展示了徐山独特的文化底蕴和历史传承,为游客提供了一次感悟自然之美和文化魅力的机会(图3-28a)。

在"故垒漫道"齐长城纪念园中,一道山形景墙以原石制成,色彩与山体环境浑然一体。墙上的镂空图案设计简约明快,同样也汲取了徐山的传统故事元素,勾勒出了自然亲近、历史沿革的初印象。红枫的装饰映衬着寓意徐福东渡而去的古船小品,引导着人们沿着墙面指引继续前行。这样的景墙不仅是景观的一部分,更是传承历史文化、展示自然之美的载体,为游客提供了一次乐于探索、体验文化与自然融合的难忘之旅(图3-28b)。

(a) (b)

图3-28 "寻山问道"入口处景墙和"故垒漫道"齐长城纪念园

## 3.4.3 水体与水景

在徐山的山体景观设计过程中,由于山地和森林占据主要地形,导致山体内河流较少。为了保障森林防火和水资源有效利用,设计师们设置了部分消防水池,这些水池不仅可以应对突发火情,还可在平时起到收集雨水的作用。这种设计不仅提升了徐山的防火效能,也增加了山体的生态功能。这些消防水池可在需要时为防火工作提供紧急水源,同时也在雨水收集方面发挥作用,增强了生态系统对水资源管理的韧性。

通过设置这些消防水池,徐山的生态系统变得更加完善。这些水体的存在不仅有助于森林防火工作的顺利进行,还为山林生态系统提供了稳定的水源。这种巧妙的设计在山体景观要素中起到了关键作用,凸显了在生态环境保护和资源利用方面的创新思维。这些措施使徐山的生态系统更加强大和灵活,也为山体景观的持续发展和生态保护做出了积极贡献。

## 3.4.4 设施与小品

为更好地满足市民的休闲、健身和文化需求，提升城市的创新发展和本土文化遗产的保护和再利用，徐山山体公园将进行设计改造，按照"一心、一环、三区、十点"的结构进行全面提升。同时，将对齐长城徐山段进行本体修缮，结合"齐长城"文化，彰显本体历史特色，打造新区内首个"文化型山头公园"。

在设计改造过程中，徐山山体公园将注重满足市民多样化的需求，为其提供休闲、健身和文化交流的空间。通过"一心、一环、三区、十点"的结构布局，公园将呈现出规划合理、功能完善的特色。同时，结合本地文化传统和历史遗产，对齐长城徐山段进行修缮和保护，使其与公园融为一体，突出文化内涵，凸显历史特色（图3-29）。

通过这些措施，徐山山体公园将焕发新的活力，成为市民休闲娱乐、健身锻炼和文化教育的重要场所。同时，借助这一改造提升项目，让城市更好地适应创新发展的需求，同时保护本土文化遗产，实现城市的综合发展和文化传承的双重目标。整体上，徐山山体公园将成为一个融合自然风光、文化遗产和现代生活需求的综合型公园，为市民提供一个舒适、美丽且有文化传承的休闲空间。

图 3-29　不同级别道路基本设施

在徐山山体修复过程中，设施与小品的设置至关重要，其中包括各种导视标识、景观分区标识牌和基础设施。此外，还将加入春秋齐文化科普牌，以提高游客对当地文化的认知和理解。为了保持整体修复风格的一致性，灯具和垃圾箱的设计也将按照统一的基调进行相应的设计。

导视标识在整个山体景观中起着引导和提示的作用，以帮助游客更好地了解景点的位置和特色。景观分区标识牌则标明不同区域的功能和特色，让游客可以更方便地规划行程。基础设施的设置也将满足游客的基本需求，提高游客的体验品质（图3-30）。

春秋齐文化科普牌将介绍当地春秋齐文化的历史和特色，以增加游客对徐山文化的了解和探索欲望。通过这些科普牌，游客可以更深入地了解徐山的文化内涵，激发对当地文化学习的兴趣（图3-31）。

图 3-30　导视标识

图 3-31　春秋齐文化科普牌与景点标识牌

　　此外，灯具和垃圾箱的设计也将与整体修复风格相一致，呈现出和谐统一的视觉效果。灯具的设计不仅提供照明功能，还要与景观相协调，以营造出舒适的夜间环境。垃圾箱的设计则要符合环保理念，同时要融入景观中，不影响整体美观（图 3-32）。

　　通过这些设施与小品的设置，徐山山体景观的修复将更加完善和亮眼，从而为游客提供舒适、便利且具有文化内涵的游览体验。

　　在徐山广场道路的设计中，采用了较为显眼的颜色标识和 LOGO，以突出整体宣传传统文化的主题。这种设计不仅增加了公园的活力，也为不同年龄和不同类型游客提供了对应的需求和体验（图 3-33 和图 3-34）。通过色彩醒目的标识和 LOGO，游客可以更快速地找到自己感兴趣的景点或设施，丰富了其游览体验。

　　道路上的颜色标识和 LOGO 设计具有重要的识别功能，使游客在广场区域内更容易辨认和定位。这不仅提高了游客对徐山山体公园内部结构和布局的理解，也增强了游客的参与感和互动性。通过 LOGO 的设置，徐山的文化和知名度得到更好的传播，深入人心，成了人们心中不可或缺的一部分。

图 3-32　灯具和垃圾箱

图 3-33　徐山颜色标识　　　　　　图 3-34　徐山 LOGO 标识

这种巧妙的设计不仅使徐山广场更具有活力和吸引力,也为公园的管理和服务提供了有效的支持。不同年龄和类型的游客可以根据标识和 LOGO 找到适合自己的活动区域和景点。通过这种细致入微的设施设计,徐山山体公园将成为一个融合传统文化、现代设计和丰富体验的综合性公共空间,为游客提供一个独特而丰富的文化旅游体验。

## 3.4.5　夜间与照明

在徐山山体公园景观改造过程中,通过打造南入口核心区域的"寻山问道"和齐长城文化广场的"蓬莱东渡"徐山纪念园两大核心节点,营造了复合性服务展示空间,同时汲取徐山在地精神,形成了一个文化堡垒。

这两大核心节点结合了文化、历史和自然元素,为游客提供了丰富的文化体验和历史探索的机会。在夜间,这些核心节点的照明设计至关重要。通过巧妙的灯光布置和夜间照明效果,突出建筑物和景观的特色,营造出独特的夜间氛围和视觉效果。灯光的运用不仅为景点增添了魅力和神秘感,也提升了游客的夜间体验感受。

在夜间照明设计中,利用暖色调的灯光突出文化节点的雕塑和标识,并通过投光灯和景观灯的巧妙组合,展现出建筑物和景观的立体感和层次感。同时,还利用光影效果营造出神秘和宁静的氛围，让游客在夜间感受到不同于白天的美妙和魅力（图 3-35）。

通过夜间照明的设计和运用，南入口核心区域的"寻山问道"和齐长城文化广场的"蓬莱东渡"徐山纪念园两大核心节点在夜晚展现出不同的韵味和特色，为文化传承和历史展示增添了独特的视觉表达和震撼力量。这种夜间照明设计不仅提升了景点的吸引力，也为游客带来了更丰富多彩的夜间游览体验，增强了他们对徐山文化的认知和理解。

(a) 南区入口白天景观

(b) 南区入口夜间照明

图 3-35 南区入口白天与夜间对比

## 3.5 经验与启示

### 3.5.1 高新技术的应用

徐山山体公园生态修复工程中应用了许多高新技术，以提升景观品质、增强生态保护和提高游客体验。这些高新技术的应用使山体生态修复工程更先进和智能化，推动了当地旅游业和生态环境的绿色可持续发展。

① 地形与交通：使用 GIS（地理信息系统）技术进行地形测绘和规划设计，利用无人机航拍技术获取精确的地形数据以进行地形分析和设计规划。同时，采用智能交通管理系统，包括智能交通信号灯、智能路灯和微型传感器，以提高道路交通效率和安全性。② 广场与绿地：利用植被遥感技术和植被指数监测技术对绿地植被进行监测和管理，实现精准浇灌和植被保护。采用垂直绿化技术和生态屋顶设计，增加绿化面积，改善空气质量。③ 水体与水景：应用水资源综合规划技术，对水体进行科学排布和生态修复，打造符合自然环境和生态要求的水景。利用水处理技术和水循环系统，实现水的循环利用和净化，保持水质清洁。④ 设施与小品：采用 3D 打印技术进行景观设施和小品的定制制作，实现个性化设计和快速制造。利用虚拟现实（VR，即 Virtual Reality 的缩写）和增强现实（AR，即 Augmented Reality 的缩写）技术设计互动体验设施，增加游客参与感。⑤ 夜间与照明：应用 LED（发光二极管）照明技术进行夜间照明设计，实现节能环保和智能控制。利用智能照明系统，根据不同时间和氛围调节灯光亮度和色彩，营造独特的夜间景观效果。

这些高新技术的应用带给我们以下五点启示。

① 促进生态修复：高新技术的应用在生态修复工程中可以带来更快捷、更精准、更有效的解决方案。使用创新技术可以提高生态修复工作的效率和成效，促进生态系统

的恢复和保护。

② 提升生态环境管理智能化水平：智能化系统的运用可以提高生态环境管理的精细化程度，实现对生态系统的实时监测、数据分析和智能决策。通过智能化管理，可以更好地保护生态环境，促进可持续发展。

③ 优化景观设计以增强体验感和吸引力：在景观设计中应用高新技术可以提升景观品质，增加游客体验感和吸引力。通过科技手段打造独特、具有互动性的景观，可以吸引更多游客参与，从而推动旅游业的发展。

④ 绿色可持续发展取得实质进展：高新技术的应用有利于促进绿色可持续发展，实现生态保护与经济发展的良性循环。科技的进步为环境保护、生态建设和生态旅游产业发展提供了新思路和新动力。

⑤ 结合传统文化与现代科技创新：通过结合传统文化和现代科技创新，可以实现生态环境的修复与保护，并传承当地的文化遗产。传统文化与现代科技的有机结合，不仅提升了景观品质，也让当地文化更具魅力和影响力。

### 3.5.2 生态理念的践行

在徐山山体公园生态修复工程中，生态理念的践行表现在以下七个方面。

①生态恢复与保护：通过植被恢复、水体净化和土壤改良等措施，修复和保护原有的生态系统。保护和恢复当地的植物、动物和微生物物种，增加生物多样性，促进生态平衡。②生态规划设计：在规划设计阶段充分考虑生态环境因素，合理布局景观要素，保护自然地形和植被，保留生态廊道和生态节点，最大限度地减少对生态系统的干扰。③绿色建筑与设施：采用绿色建筑材料和技术，设计符合节能、环保和生态准则的建筑和设施。结合景观特色，打造符合生态理念的绿色建筑，促进可持续发展。④水资源管理与保护：采用科技手段对水体进行管理和保护，实施水资源综合规划，净化水质，保护水体生态系统，确保水资源的可持续利用。⑤智能化生态管理：运用智能化系统对生态环境进行监测、调控和管理，实现对植被生长、水质状况等生态要素的实时监测和反馈，提高生态环境的管理水平。⑥教育与公众参与：通过生态教育和公众参与活动，提高公众对生态环境保护的认识和重视程度，促进公众积极参与生态环境保护和管理工作。⑦智慧景区建设：应用智能化技术打造智慧景区，提高景区运行效率和管理水平，促进智慧旅游体验感的提升，推动生态保护与旅游业发展的有机结合。

通过以上方面的践行，徐山山体公园生态修复工程呈现出了强烈的生态理念，将生态保护和可持续发展贯穿整个修复过程，体现了对生态环境的尊重和珍惜，为保护自然生态、传承文化、服务人民和推动经济发展作出了积极的努力。

### 3.5.3 乡土文化的宣传

在徐山山体公园生态修复工程中，乡土文化的宣传主要表现在以下四个方面，涉及齐文化、齐长城和徐福等方面。

① 齐文化宣传：通过景点命名、展示板、标识等形式，引导游客了解和感受齐文化的历史渊源、价值观念和传统习俗。景区可以设置展览，展示齐文化的独特魅力，通过图片、文字、多媒体等形式向游客介绍齐文化的精髓和特色。②齐长城展示：在景区

设置关于齐长城的介绍,展示齐长城的历史、背景、建造技术和文化价值,让游客了解和体验齐长城作为古代防御工事的重要意义。③徐福文化传承:通过景点布置、主题活动等方式,宣传徐福的传奇故事和文化价值,向游客展示他对海洋开拓和文化传播的贡献,激发游客对徐福故事和精神的热爱和探索欲望。④文化活动举办:定期举办与乡土文化相关的传统节日庆祝活动、民俗表演、文化讲座等,吸引游客参与,增进他们对当地文化的了解和认同,进一步弘扬乡土文化的魅力。

通过以上措施,徐山山体生态修复工程有效展示和宣传了齐文化、齐长城、徐福等乡土文化元素,增强了游客对当地文化的了解和认同,也激发了游客的文化兴趣,并推动了当地乡土文化的传承和发展。

### 3.5.4 结语与启示

在徐山山体公园生态修复工程中,我们拥抱山野,迎接着未来的美好。在日月繁星映衬下,我们与大自然融为一体,感受着山野的宁静与生机。在这里,雨滴凝聚成清澈的溪流,流淌在纯净的土地上,滋养着茂盛的森林和绚丽的鲜花。徐山山体公园生态修复工程将山野美景恢复到原始的自然状态,让大自然的美丽再次展现在我们眼前。这里的生活,是与自然相依相存的和谐生活,是扎根山野、返璞归真的生活方式。我们在绿荫掩映下徜徉,感受着清新的空气和沁人心脾的气息,体味着土地赋予我们的力量。

一起珍爱和呵护这片美丽的土地,让山野的美好永远闪耀。愿徐山山体公园生态修复工程成为一座生态文化的殿堂,是我们对未来的美好设想。在这里,让我们共同努力,守护自然的恩赐,传承乡土文化的精髓,创造生态与人文相融的美好生活。愿徐山在我们的共同呵护下,绽放出更加璀璨的光芒,照亮我们的生活,引领我们走向美好的未来。

# 第 4 章
# 城市公园景观营造规划设计
# （西海岸山体公园）

青岛西海岸山体公园作为青岛市内重要的生态景观空间，承载着青岛市发展和居民休闲需求的重要使命。本章以青岛西海岸山体公园的景观营造为例，探讨在规划设计过程中如何体现公园城市理念。首先，介绍青岛西海岸山体公园项目的背景和其在城市内的重要作用，阐述其在城市生态环境保护和社区休闲娱乐中的重要性。其次，详细阐述设计目标和分区规划，探索如何通过景观营造的方式，实现公园城市理念下的环境保护和提升居民生活质量的目标。在此基础上，再详细介绍山体公园的景观要素实施过程，包括植被恢复、水体利用、生态修复等方面的实际操作，以展现公园城市理念在具体项目中的具体落地实践。再次，对建设效益进行分析和评估，从生态效益、社会效益、经济效益等多角度，探讨公园城市理念的实际应用。最后，结合西海岸山体公园的景观营造实践，浅谈其中的经验和启示，探讨在城市公园景观规划设计中的借鉴价值和可操作性。通过本章的深入探讨，为城市公园景观的规划设计提供有益的借鉴和启示，以推动公园城市理念在城市规划与建设中的广泛应用。

## 4.1 项目背景（规划背景）

### 4.1.1 项目所在地概况

青岛市地处山东半岛南部，东、南濒临黄海，东北与烟台毗邻，西与潍坊相连，西南与日照接壤，是山东省副省级市、计划单列市。截至2019年，全市下辖7个区、代管3个县级市，总面积11293 $km^2$，建成区面积758.16 $km^2$，常住人口949.98万人。其中，市区常住人口645.20万人，常住外来人口达161万人。

根据《青岛市城市总体规划（2011—2020）》，青岛市中心城区实施"全域统筹、三城联动、轴带展开、生态间隔、组团发展"的城镇空间发展战略，按照"三主、五副、多层级"网络型城市公共服务中心体系，分成城市主中心、城市副中心、东岸城区、北岸城区、西岸城区，旨在将青岛打造成国家沿海重要中心城市和滨海度假旅游城市、国际性港口城市、国家历史文化名城。

2014 年 6 月 3 日，西海岸新区获得国务院批复，成为第九个国家级新区，同时也是 2014 年 1 月国务院出台《新区设立审核办法》后批复的第一个新区。新区陆域面积 2096km$^2$，海域面积 5000km$^2$、海岸线 282km，辖 26 个街镇、1221 个村居，总人口 180 万。青岛西海岸新区位于京津冀都市圈和长江三角洲地区紧密联系的中间地带，扼守京津海洋门户，是沿黄流域主要出海通道和亚欧大陆桥东部重要端点，与朝鲜半岛、日本列岛隔海相望，具有辐射内陆、联通南北、面向太平洋的战略区位优势（图 4-1）。

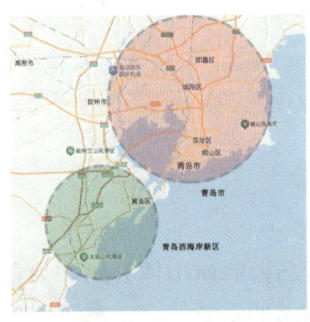

图 4-1 西海岸新区区位及规划

本项目位于青岛西海岸新区，涵盖黄岛街道北海公园、乳山公园和隐珠街道的峄山公园共三处山头公园。中共青岛市委办公厅及青岛市人民政府办公厅印发关于《青岛市山头公园整治工作实施方案》的通知，时任管委副主任的周诚于 2021 年 7 月 19 日主持召开全区山头公园整治工作专题会议，并对山头公园的整治提升工程作出相关工作指示。山头公园在规划之初便明确了"拆实墙、还绿景、通环路、便市民"的原则，重点整治范围涉及青岛市七区的 60 个山头公园，旨在为市民提供更加舒适、便利的公园环境。项目遵循尊重自然，顺应自然，保护自然，打造"因地制宜，一山一策"的要求，对山头公园进行整治，秉承"科学规划、保护优先"的理念，注重对原有生态系统的保护和修复，最大程度保留和复壮山上原有植被群落，打造集"自然、生态、野趣"三位于一体的山头公园整治提升工程标杆。

山头公园整治工程将切实改善城市环境，提升园林绿化品质，为群众提供更好的生态服务，在进一步实现"绿色全民共享"的同时，有效解决"千篇一律，千山一面"的情况。

## 4.1.2 项目规划依据文件及原则

青岛市市政工程设计研究院有限责任公司依据黄岛公用事业集团委托（图 4-2），承担了《山头公园综合整治提升工程初步设计报告》编制工作，通过项目设计组的分析研究，经过现场踏勘调研，在对技术标准进行详细论证后，最终完成了可行性研究报告的编制工作。

在项目规划建设的过程中，以下文件被作为依据：

《青岛市城市总体规划（2011—2020 年）》《青岛西海岸新区总体规划（2018—2035 年）》《青岛市市区公共服务设施配套标准及规划导则》《青岛市山头公园综合整治方案》《公园设计规范》（GB 51992—2016）、《关于印发〈青岛市山头公园整治工作实施方案〉

的通知》（青办发〔2021〕11号）、《森林防火工程技术标准》（LYJ 127—2012）、《青岛市郊野（山头）公园建设规范》《青岛城市公园和山头公园环境整治提升工作方案》《青岛市立体绿化建设标准》《青岛市海绵城市专项规划（2016—2030年）》《青岛市海绵城市建设规划设计导则》（修编）（2019.12）、《海绵城市建设技术指南——低影响开发雨水系统构建（试行）》《国务院办公厅关于推进海绵城市建设的指导意见》（国办发〔2015〕75号）、《公园设计规范》（GB 51192—2016）、《城市夜景照明设计规范》（JGJ/T 163—2008）、《低压配电设计规范》（GB 50054—2011）、《室外作业场地照明设计标准》（GB 50582—2010）、《供配电系统设计规范》（GB 50052—2009）、《20kV及以下变电所设计规范》（GB 50053—2013）、《电力工程电缆设计标准》（GB 50217—2018）、《民用建筑电气设计标准》（GB 51348—2019）、《安全防范工程技术标准》（GB 50348—2018）、《民用闭路监控电视系统工程技术规范》（GB 50198—2011）、《电气装置安装工程低压电器施工及验收规范》（GB 50254—2014）、《青岛市景观照明总体规划》（2010—2020年）、《青岛西海岸新区城市景观照明设施建设和管理办法》和国家、山东省、青岛市其他相关法律法规、政策规定、标准规范及相关规划。

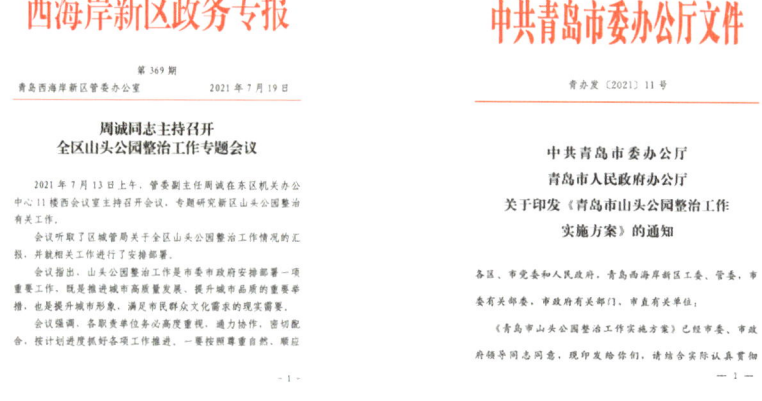

图4-2　项目编制依据文件示例

## 4.1.3　项目建设的必要性和可行性

必要性：首先，西海岸山体公园建设工程有助于保护区域山体资源，改善城市景观环境，推动城市高质量发展，满足建设绿色生态城市和改善区域环境的需要，并且有助于提高区域竞争力。其次，山体为西海岸新区绿色开放空间结构的重要组成部分，是实现生态理念的重要途径。工程的建设有助于增加区域景观环境容量，提高绿地率，维护生态平衡。通过山体的修复重塑，可以增加公共活动空间，丰富游憩功能，使人们回归自然，感受生态。最后，本工程响应青岛市委市政府山头公园整治工作，既是提升城市品质的重要举措，也是提升城市形象、可以满足市民群众文化需求的现实需要。

可行性：工程符合"全域统筹、三城联动、轴带展开、生态间隔、组团发展"城市空间发展战略的需要，在战略背景上具备了实施的可行性。工程将协调景观工程、道路工程、建筑工程等专业，全面推进山头公园综合整治提升景观项目，在专业技术上具备了实施的可行性。工程响应青岛市委市政府工作部署，政府高度重视，在资金、人员准备方面积极筹备，保证了工程实施的可行性。

### 4.1.4 现状分析

#### 4.1.4.1 项目区域

2014年6月，国务院批复设立青岛西海岸新区（以下简称新区），要求新区发展坚持"一个主题"，发挥"两个作用"，实现"五个定位"，即以海洋经济为主题，为促进东部沿海地区经济率先转型发展、建设海洋强国发挥积极作用，为探索全国海洋经济科学发展新路径发挥示范作用，努力建设成为海洋科技自主创新领航区、深远海开发战略保障基地、军民融合创新示范区、海洋经济国际合作先导区、陆海统筹发展试验区。

建成蓝色高端的产业体系。自主创新能力显著增强，创新驱动发展格局全面形成，经济保持中高速增长，产业迈向中高端水平，以海洋经济为主题、战略性新兴产业为引领、先进制造业和现代服务业双轮驱动的现代产业体系全面建立。

建成要素聚集的开放门户。东亚海洋合作平台、中德生态园、自由贸易港区等合作载体作用充分发挥，高水平国际性会议会展常态化举办，东北亚国际航运枢纽功能显著提升，建设面向日韩和东北亚、辐射山东半岛和沿黄流域的海上门户，争取成为中亚地区重要出海口。

建成军民融合的蓝色港城。城乡统筹、军民融合、港产城一体化发展的体制机制初步形成，以人为核心的新型城镇化加快推进，成为青岛海湾型大都市区三城联动发展的重要一极。到2030年，基本建成在全国有重要影响的现代化海洋新区和国际化蓝色港城。

建成宜居幸福的人文新区。强化文化对新区建设的引领支撑作用，推动文化与旅游融合发展，形成以市场为导向，以创意为核心，以品牌为重点，以宜居、宜业、宜游、宜养为特色的发展格局。海洋文化旅游产业不断壮大，生态环境持续优化，社会事业繁荣发展，人民福祉不断提升。到2030年，全面建成宜居宜业、文明幸福、包容共享的现代化国际化人文新区。

#### 4.1.4.2 自然条件

西海岸新区属鲁东丘陵区，境内山岭起伏，沟壑纵横。西部是小珠山山脉，主峰海拔724.9m。北部有老君山，海拔236m；龙雀山海拔309m；抓马山海拔237m。东面濒海，海岸线蜿蜒曲折，长达102.6km，岛屿众多，港汊遍布。东南面的薛家岛把胶州湾与黄海分开。中部为海积平原，整个地形呈西高东低之势。境内的山脉主要是西部的小珠山山脉，该山脉向东，向北延伸。大小山头遍布全区，仅有名称、海拔在百米以上者即有42座，分布在区内的各山，依陆傍海，构成山海奇观。区内海滩主要分为砾石海滩和沙质海滩两种，砾石海滩多分布在西海岸新区和竹岔岛周围，沙质海滩主要分布在徐戈庄东北、西海岸新区前湾和薛家岛南海岸，其特点是沙质纯细，滩面宽阔且直，坡度较缓，基本没有沙脊，可以见到波痕，如金沙滩，东西跨度3km，呈月牙形向南展开，已成为天然海水浴场。

西海岸新区地质构造复杂，主要地层包括太古界、远古界、侏罗系、白垩系和第四系。自太古代以来，地质构造经历了稳定上升和中生代地壳运动，形成了丰富的地貌格局。地层构造复杂，岩性主要为燕山期花岗岩、片岩、页岩、砂砾岩等。整体地质构造和地层经历了长期演化，形成了多样的地质特征。

西海岸新区地处北温带季风区域内，暖温带半湿润大陆性气候，空气湿润，雨量充沛，温度适中，四季分明，有明显的海洋气候特点，具有春寒、夏凉、秋爽、冬暖的气候特征，是天然的避暑胜地。年平均气温 12.5℃；夏季平均气温 23℃；最热的 7 月份平均气温 25℃；最冷的 1 月份平均气温 1.3℃；平均降雨量 696.6mm；年无霜期平均为 200 天；风速平均 5.4m/s，年平均瞬时风力大于 8 级的天数为 71 天。

#### 4.1.4.3 土地利用与规划

（1）土地利用

西海岸新区现状建设用地主要集中在原黄岛区与原胶南市区，已形成配套设施基本齐全的城市集中建成区。新区重点依托已有的市政、交通、公共配套等基础设施进行城市更新与扩张，引导城市集聚开发建设。

目前，西海岸新区生态绿地面积为 1730.4km$^2$，其中生产绿地面积为 24.20km$^2$，城镇绿地总面积为 21.38km$^2$（占城镇建设用地的 8.9%），公园绿地面积为 12.95km$^2$，防护绿地面积为 7.93km$^2$。新区绿地存在现状有以下三个问题：

① 中心城区内公园绿地严重不足，缺乏公共活动空间，公园布局不够均衡，配套不足，公园服务半径覆盖存在盲区，未能形成有机的绿地生态系统；

② 居住区配套绿地和单位附属绿地发展滞后，未能达到国家规范标准；

③ 城市建设用地中能用于园林绿化的后备土地资源缺乏，加之地价高昂、受国家严格控制大城市建设用地规模政策等因素影响，近郊土地转化为城市绿地困难重重。

（2）土地规划

西海岸新区总体空间格局构建按照生态间隔、组团发展、全域城市化的思路，打破现有行政区划，统筹海陆资源，科学规划生产、生活、生态功能区，优化空间布局。

生态空间与国土空间坚持底线思维，合理确定新区空间开发强度。牢固树立"绿水青山就是金山银山"的理念，构建蓝绿交织、和谐自然的生态空间格局，规划新区蓝绿空间占比 70% 以上；严格控制建设用地规模，开发强度控制在 30% 以内；划定控制线，城镇开发边界总面积 840km$^2$。

城乡布局坚持完善组团式、轴带型城乡融合的发展布局。统筹山水林田湖系统治理，构建新区"一带、两区、七廊道"的空间格局："一带"即滨海城市空间发展带；"两区"即海洋生态涵养区和陆域生态涵养区；"七廊道"即依托山体、水系形成七条山海生态绿廊，起到连接山海、组团间隔的作用（图 4-3）。

西海岸新区借鉴国际湾区都市发展理念，实施城乡统筹、三生联动，形成"一主、两辅、七镇、多社区"："一主"即新区中心城区，以小珠山为生态核心构筑西海岸中心城区，是新区核心区；"两辅"即董家口城区和古镇口城区两个外围城区组团，是新区承担海洋强国战略、军民融合发展战略的重要支点；"七镇"即位于陆域生态涵养区内的 7 个特色小镇；"多社区"即美丽乡村聚落的城乡空间布局。

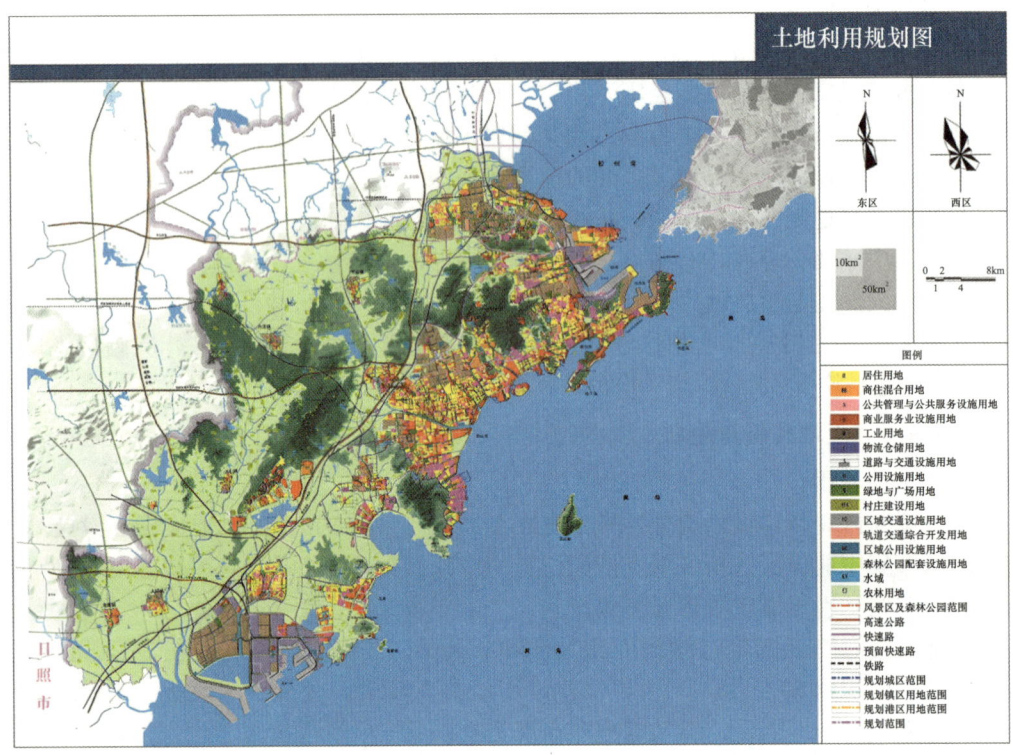

图 4-3  青岛西海岸新区总体规划（2018—2035 年）

绿地建设以城市各山体公园为核心，以沿海、沿河、沿路的带状绿地为联系纽带，结合城市广场、居住区的建设，形成均衡布局的公园绿地系统。公园用地以滨海、滨河、临山地带为首选，以形成系统的绿色开放空间。按照居民出行 5 分钟到达一处公共绿地的要求，加快城市公共绿地建设。结合城市人文、自然景观资源，规划建设综合性公园以及儿童公园、动物园、植物园、游乐公园等专类园区。结合城市生活性道路、商业街等，建设街头广场绿地。

新建、扩建、改建的建设项目要按规划要求建设附属绿地，其中新建、改建居住区绿地率不低于 30%。绿地建设应考虑乔木、灌木、草坪等相结合。鼓励采取屋顶绿化、垂直绿化和破墙透绿等方式增加绿视率和绿化覆盖率，改善气候环境和景观效果。综合考虑高程、坡度、水源保护、洪涝与风暴潮防护、地质灾害、林地与基本农田保护等因素，采用分权重赋值叠加分析，对新区用地进行适宜性评价分析，新区陆域范围内 81.45% 的用地通过一定措施可供建设，其中适宜与较适宜建设的用地约 700km²，用地空间充足。

#### 4.1.4.4　工程建设现状

（1）峰山公园

① 周边用地现状

峰山位于峰山路以南，世纪大道以北，小台村以西，周边用地以村落及工业用地为主（图 4-4）。场地内多以林地为主，有部分建设用地及农田，山体内部存在大量坟地。峰山公园隶属基本农田和林地，本次设计方案不占用基本农田（占用区域为现状道路），仅占用林地。设计方案已经通过市级审批。在满足郊野公园功能的同时，兼顾了防火通道及其附属设施，提升了林业生产服务功能。项目将以初步设计及概算批复为依据，在施工进场前，办理林业生产服务及采伐更新手续。项目建设在保护原有生态环境完整性的基础上，为了满足使用需求及山体公园基本功能，增设主环路及少量场地。设计中秉持保护现状林地、减少挖填方量等原则，最大程度地维持公园现状生态性，保护现状用地完整性。

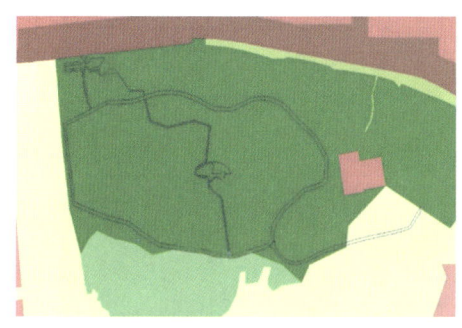 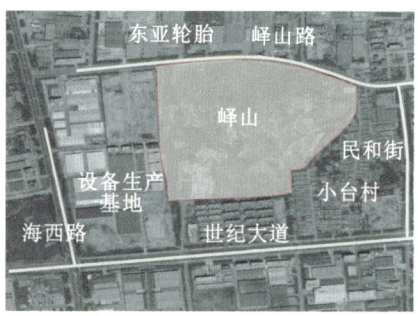

图 4-4　峄山区位图和周边用地现状

② 道路与景观现状

峄山山体内无完善道路体系，山体南侧、东侧部分区域有水泥混凝土路，东西两侧有上山土路（图 4-5a）。峄山山体完整，山体高差较小，整体地势较缓。部分区域有土地裸露，存在大量坟地。植物长势良好，品种以刺槐、黑松为主。山中现有一处水站，两处小型护林房。山体内部缺乏完善的交通体系、园路、森林防火设施，场地内部没有活动及休闲空间，基础服务性设施不完善（图 4-5b）。

(a)　　　　　　　　　　　　　　(b)

图 4-5　峄山道路和山体景观现状

③ 管线与建筑现状

峄山公园目前尚未开发，公园范围内仅存在一根 DN800 水厂出水管道。经过核对，管道管顶距景观建筑竖向距离大于 0.7m，不需进行包封保护。

峄山公园北侧紧邻峄山路，道路现有架空电力、雨水管渠、污水管道、给水管道。其中架空电力位于道路北侧人行道；给水管道位于道路北侧人行道，管径为 DN800，覆土为 2.4m，满足消防水池补水管道取水及厕所日常用水需求；雨水管渠位于道路两侧人行道，均为 1.5m 长的 DN600-3 管径，覆土为 0～1.5m，满足公园雨水排放需求；

污水管道位于道路北侧人行道，管径为 DN400，覆土为 0.75m，不具备厕所污水管道过路接入需求。

山中现有少量违章建筑，其中有一处水站，两处小型消防管理房（图 4-6）。

图 4-6　峄山水站现状

④ 其他要素现状

峄山公园尚未开发，目前无亮化设计。

（2）乳山公园

① 周边用地现状

经多次现场踏勘，以及与黄岛街道及青岛市自然资源局等相关部门对接，根据《青岛西海岸新区总体规划（2018—2035 年）》、青岛西海岸新区总体规划用地性质图及现状土地性质利用可知，乳山公园设计范围内由 G11 公园用地和 R1 一类居住用地构成，公园内部土地规划类型以林地为主。山体周边用地规划以多类居住用地和工业用地为主，并带有办公用地及科研用地等规划用地。其东侧、西侧、南侧规划居住用地及相关公服用地，北侧为非市属办公用地。乳山公园南临刘公岛路，其余三面村道环绕，周边以住宅区为主（图 4-7）。

 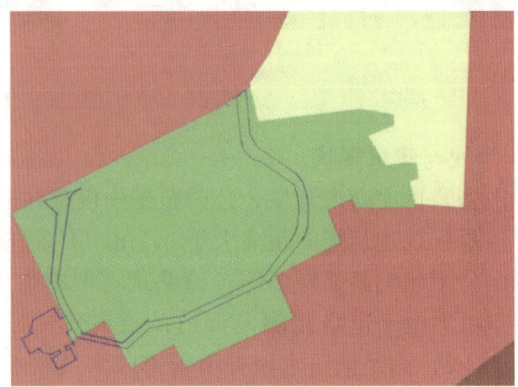

图 4-7　乳山公园用地规划

本次设计保留林地所属区域，并对其进行植被保护与修复，利用林下空间设置低影响休闲场所，场地西侧基于原有硬质场地设置入口空间，新建硬质场地设计主要集中在康体区域。

乳山公园隶属林地，由于项目建设增设空间新建道路，以满足周边人群需求及山头公园的基础功能，因此占用少量林地，经统计，占用面积为 3408m² (含原有违建建筑硬质基底 600m²)。设计方案已经通过市级审批。在满足郊野公园功能的同时，兼顾了防火通道及其附属设施，提升了林业生产服务功能。项目设计本着尽可能避让林地、绕开现状树种、减少挖填方量等原则，最大程度地维持山体现状生态性，保护现状土壤及用地完整性。

② 道路与景观现状

乳山公园现状为大面积山体林地，无环山防火通道，无可通行道路。外环路现状为水泥混凝土路（图 4-8）。

(a) 乳山外环路现状

(b) 乳山设计防火通道现状

图 4-8　道路现状

拟建场区地形起伏较大，苗木茂盛，以刺槐、黑松、板栗为主（图 4-9a），现有三处国家测量标志（图 4-9b）、一处防空洞（图 4-9c）及两处临时建筑。乳山公园北部有现状防空洞一处，属保护工程场地。经与黄岛街道及建设方多次对接，由于防空洞隶属军队且不属于黄岛街道管理，因此此次项目建设不予考虑。

山体内部总体缺少使用空间及相关公共基础设施建设。山顶可远见海湾及城市高层建筑，登高后空间相对开阔，但植物密度高，视线郁闭。山地崎岖，部分山体被开发建房，场地西南角与东北角有部分土地裸露。山体内部无通行道路，仅有一处混凝土外围环路，外环路北侧围栏存在残损现象，影响道路行驶安全。

(a) 乳山植被　　　　　　　　(b) 乳山测量标志

(c) 乳山防空洞

图 4-9

③ 管线及建筑现状

乳山公园尚未开发，公园范围内无现状管线。

公园西侧为灵山岛街，道路现有架空电力、污水管道、给水管道、雨水管渠。其中架空电力位于道路两侧人行道；给水管道位于道路西侧车行道，管径为 DN300，覆土为 1.1m，满足消防水池补水管道取水及护林房生活用水需求；雨水管渠位于前湾大集区域内，覆土为 1m，满足公园雨水排放需求；污水管道位于道路西侧车行道，管径为 DN300，覆土为 2.72m，具备护林房污水管道过路接入需求。

北侧有一处违章搭建（已拆除），内部有两处临时搭建建筑（图 4-10）。场地内部无功能性建筑。

④ 其他要素现状

乳山公园尚未开发，现状无亮化设计。

（3）北海公园

① 周边用地现状

公园周边用地以商服用地、住宅用地、三类工业用地为主。其中，三类工业用地集中位于西侧；住宅用地居于西南、东北两侧，居住组团分布较为紧密；商服用地主要分布于东、南两侧（图 4-11）。

根据《青岛西海岸新区总体规划（2018—2035 年)》、青岛西海岸新区总体规划用地性质图及现状土地性质利用可知,公园内部土地规划类型以林地为主,本次设计保留林地所属区域,并对其进行植被保护与修复,利用林下空间设置低影响休闲场所,新建硬质场地设计主要集中在原有铺装、私营游憩设施区域,不侵占林地面积。

图 4-10　建筑现状

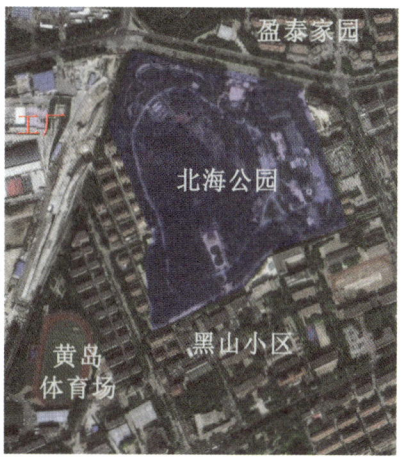

图 4-11　北海公园用地规划

② 道路现状

北海公园位于刘公岛路南侧,公园主入口位于刘公岛路;南侧为唐岛路,有南一门、南二门两个出入口,其中南二门为园区内唯一车辆通行口;东侧为舟山岛街,西侧分别为澎湖岛街、海坛岛街。园区内部道路以现状混凝土路为主。园内有主环路,道路系统较为完善,局部片区行人无法通行,存在死角;同时照明、防护等相关功能性配套设施破损严重。

③ 景观现状

园内植被条件好,有自然生长多年的黑松1.2万株,是公园的骨干树种,沿各景点种植雪松、银杏、栾树、悬铃木、樱花、碧桃、月季。乔木与灌木之比1∶3,常绿乔木与落叶乔木之比1∶0.8。建有仿古主园门、九龙吐水照壁、观涛阁、翠亭等景观节点，此外，还建有管理房、厕所等附属服务设施（图4-12）。

图4-12 北海公园现状（鸟瞰图）

④ 管线现状

北海公园内仅沿主要道路敷设了电力管线和雨水管渠，缺少其他专业管线。公园北侧为刘公岛路，道路现有架空电力、燃气管线、给水管道、雨水管道。其中架空电力和燃气管线位于道路南侧绿化带内；给水管道位于道路南侧绿化带，管径为DN377，覆土为0.7m，满足消防系统管道取水及厕所日常用水需求；雨水管道位于道路南侧车行道内，管径为DN300，覆土为4.1m。公园西侧为澎湖岛街，道路现有污水管道、雨水管道。公园东侧为舟山岛街，道路现有污水管道、雨水管道、给水管道。

⑤ 建筑现状

园内现有建筑类型多样，主要集中于公园东侧。为方便后期改造提升，将其分为破损、闲置、废弃三大类型（图4-13）。

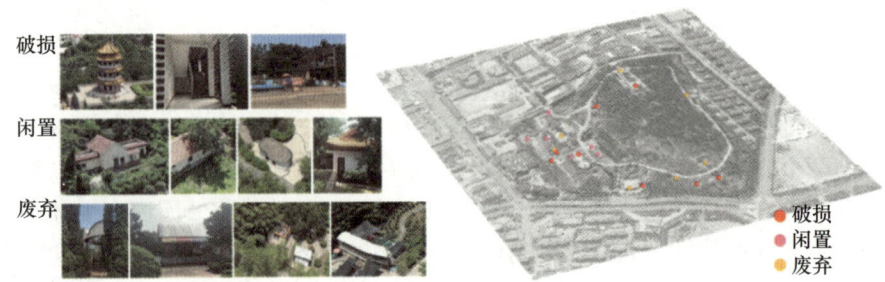

图4-13 园内现有建筑类型

⑥ 其他要素现状

经现场勘查，北海公园现有照明设施建设年代已久，存在灯具老化、损坏及电缆被盗等问题，本次结合景观工程改造对原照明设施进行拆除，新设照明系统，并增加观涛阁、南大门等古建构筑物专项亮化设计。

## 4.2 设计目标与策略

### 4.2.1 总体设计目标与范围

本项目位于西海岸新区，设计内容涵盖峄山、乳山山头公园及北海公园三处：峄山公园位于峄山路以南，世纪大道以北，小台村以西，设计总面积为 $0.279km^2$。乳山公园位于刘公岛路以北，乳山别墅以西，梦园住宅区以南，设计总面积为 $0.037km^2$。北海公园位于刘公岛路南侧，唐岛路北侧；东侧为舟山岛街，西侧分别为澎湖岛街、海坛岛街，设计总面积为公园基地 $0.142km^2$、便民服务中心 $0.01km^2$（图4-14）。

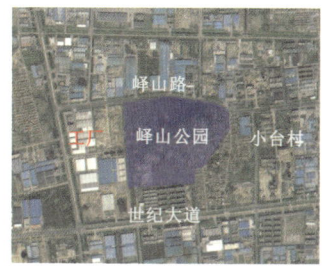
(a) 峄山公园区位

(b) 乳山公园区位

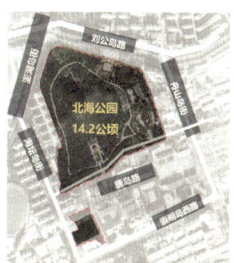
(c) 北海公园区位

图4-14 项目总体设计目标

此次山体公园整治工程遵循"拆实墙、还绿景、通环路、便市民"的指导原则，涉及绿道、绿化、节点空间、总体设施功能提升等方面。设计包含道路、景观（含绿化、铺装、景观构筑物、建筑等）、管线、结构、亮化、海绵城市等内容。

### 4.2.2 景观设计策略

#### 4.2.2.1 峄山公园

① 道路工程：依据山头公园总体方案，完善峄山防火通道体系，新建环山防火通道。环山防火通道：新建环山防火通道主要位于半山腰处，面积约 $6706m^2$，采用水泥混凝土路面结构，路基总宽度6m，横断面布置为1m（土路肩+防撞墩）+4m（车行道）+1m（排水边沟）。

② 景观工程：其设计内容包括场地空间营造、植物景观搭配、环山绿道设计、园路及配套服务设施增设等。峄山公园通过建设交通体系，打造各节点空间，修缮现状道路并完善周边基础服务设施。规划有一处护林房，两处景观节点，致力于打造低影响型山体公园。

③ 管线工程：峄山公园尚未开发，公园范围内仅存在一根DN800水厂出水管道。经过核对，管道管顶距景观建筑竖向距离大于0.7m，不需进行包封保护。

④ 结构工程：峿山公园新增木栈道及悬挑平台。上部结构采用钢筋混凝土悬挑板，上设木质铺装，两侧设置护栏；下部为墩柱结构，墩柱直径为 45cm。基础采用钢筋混凝土独立基础，下设 10cm 厚 C20 素混凝土垫层。

⑤ 建筑工程：峿山公园新增一处服务性建筑，建筑外立面材料以锈板、防腐木装饰为主，适当搭配石材。

⑥ 亮化工程：亮化工程主要包括景观照明系统、视频监控系统等。其中，照明工程结合景观方案新设照明系统。秉承绿色生态的照明设计原则，将照明技术与生态景观有机结合，在满足功能照明的基础上，适当对景观节点增加氛围照明，构造具有景观特色、艺术品味、高效节能的山头公园夜景景观。根据景观总体方案，本次景观照明设计分为功能照明和景观照明两个部分，功能照明包括以人行系统为依托的游步园路照明，景观照明包括以提升城市夜间景观形象的绿化节点照明等。

#### 4.2.2.2 乳山公园

① 道路工程：依据山头公园总体方案，完善乳山道路体系，包括新建环山绿道和现状外环村道路改造两部分。新建环山绿道主要位于半山腰处，采用水泥混凝土路面结构，路基总宽度 6m，横断面布置为：1m（土路肩＋防撞墩）＋4m（车行道）＋1m（排水边沟）。外环路长约 634m，外环路现状为水泥混凝土路面结构，局部损坏严重；本次进行破损修复，并采用沥青罩面处理。

② 景观工程：设计内容包括场地空间、植物景观、环山绿道及公共服务配套设施等。乳山公园的整治提升工程通过建设交通系统，打造各节点空间，修缮现状村道并完善周边公共服务设施，打开乳山的场地空间。主入口规划有一处护林房、一处山头外围村道，总体提升公共服务设施。交通系统将通过建设环山绿道串联各节点，打造"乐享'后花园'"。

③ 管线工程：根据项目建设需求，在公园内配套建设雨水管渠、污水管道、给水管道（兼具消防与生活功能）。

④ 结构工程：公园入口附近新增重力式挡墙，其北侧挡墙上方有一围墙需拆除重建，需设置钢筋混凝土条形基础，断面为 30cm×80cm；新建围墙并加设铁艺护栏，外立面采用丙烯酸外墙涂料装饰。公园入口附近配合景观绿化新建多处重力式挡墙，外露高度 1.5~2m，挡墙基础采用 C30 片石混凝土结构，台身采用素混凝土外包防裂钢筋网片，顶部设置预埋件，人行范围内设置护栏。

⑤ 建筑工程：此次乳山公园建筑工程在主入口南侧增设一处护林房。

⑥ 亮化工程：亮化工程内容包括景观照明系统、视频监控系统等。本次结合景观方案新设照明系统，秉承绿色生态的照明设计原则，将照明技术与生态景观有机结合。在满足功能照明的基础上，适当对景观节点增加氛围照明，构造具有景观特色、艺术品味、高效节能的山头公园夜景景观。

#### 4.2.2.3 北海公园

① 道路工程：依据山头公园总体方案，保留水泥混凝土路面现有结构，对局部损坏严重处进行破损修复，并采用沥青罩面处理。

② 景观工程：设计将依据自然地貌之势，重塑空间格局、强化核心风貌、融入区

域活力,沿着主环路以不同频率扩展和波动,容纳生态、健身、文化、社区的多重使用功能和文化,形成活跃的城市综合性公园。在原有儿童游乐设施废弃场地基础上,以全龄、健康、运动为核心概念,打造全生命周期、全龄化的康体休闲乐园,包括硬质铺装、透水地坪、健身设施、游乐设施等。

③ 管线工程:根据项目建设需求,在公园内配套建设雨水管渠、污水管道、给水管道(兼具消防与生活功能)。

④ 建筑工程:改造提升共分为四类,对仿古建筑进行整治修缮,对破损严重建筑进行拆除,对其余闲置建筑、构筑物进行改造利用,另外新增必要的功能性建筑及廊架构筑。

⑤ 亮化工程:本次结合景观方案新设照明系统,秉承绿色生态的照明设计原则,将照明技术与生态景观有机结合。在满足功能照明的基础上,适当对景观节点增加氛围照明,构造具有景观特色、艺术品味、高效节能的山头公园夜景景观。根据景观总体方案,本次景观照明设计分为功能照明和景观照明两个部分,功能照明包括依托人行系统的游步园路照明,景观照明以提升城市夜间景观形象的绿化节点景观照明、山体古建构筑物照明、大门照明等为主。

### 4.2.3 规划方案及问题

山体是青岛重要的生态资源,在规划之初就明确了"尊重自然、顺应自然、保护自然"和"因地制宜、一山一策"的整治原则。开展山头公园整治是提升城市品质、创建文明典范城市和建设公园城市的必然要求,是一项重要的惠民工程,建议尽快实施。

## 4.3 分区规划

### 4.3.1 峄山公园

(1)总体设计

峄山公园项目,总体面积约为 $0.279km^2$。设计内容包含景观工程、道路工程、绿化工程、管线工程、亮化工程等。工程以生态修复为主、同时完善公园基础功能、保证公园后期安全维护、激发公园特色活力。

设计内容主要分为以下几个部分:具体设计包含环山绿道、植物绿化、景观节点、基础设施提升及复合功能完善等方面,专项设计包含森林防灭火体系建设专项、绿化种植、环境设施设计等内容,峄山公园改造前与改造后经济技术指标如表 4-1、表 4-2 所示。

表 4-1 峄山公园改造前经济技术指标

| 用地类型 | 面积(m²) | 占比 |
| --- | --- | --- |
| 铺装 | 1600 | 0.6% |
| 绿化 | 273785 | 98.1% |

续表

| 用地类型 | 面积（m²） | 占比 |
|---|---|---|
| 水体 | 0 | 0 |
| 建构筑物 | 3615 | 1.3% |
| 总面积 | 279000 | 1 |

表 4-2　峣山公园改造后经济技术指标

| 用地类型 | 面积（m²） | 占比 |
|---|---|---|
| 铺装 | 9289 | 3.3% |
| 绿化 | 266016 | 95.3% |
| 水体 | 0 | 0 |
| 建构筑物 | 3695 | 1.4% |
| 总面积 | 279000 | 1 |

根据《青岛西海岸新区总体规划（2018—2035 年）》、青岛西海岸新区总体规划用地性质图及现状土地性质利用可知，峣山公园隶属林地，设计范围内规划用地性质为 G11 公园用地。根据《公园设计规范》（GB 51992—2016）及《城市绿地规划标准》（GB/T 51346）明确北海公园性质等级，确定峣山公园为其他用地——郊野公园。

因此，峣山公园定位为服务于周边村民及游客的低影响开发型郊野公园，设计师秉承"生态优先，可持续发展"的理念，力求打造一个低影响型山体公园。游一方水土、赏一方天际、闻一林清净。静观天地之大，林木之繁。因生态之美、森林之悦，让峣山重拾城中绿心。

（2）设计思考

本次设计结合资源现状及高差变化，修建消防环路，增设环山绿道，增加景观节点。遵循"生态优先"的设计原则，打造"低影响，少干预，有特色"的山体公园。公园的主入口规模、场地、设施等与游人走向和规模相适应，设计近远期结合，近期设计主环路和入口集散场地，设计强度满足游人康体散步需求和防火功能，场地和其他服务设施结合远期地块开发逐步实施，满足可持续发展，避免过度建设。

人流量及服务人群分析：峣山公园位于隐珠街道，周边地区规划以村落及工业用地为主，因此峣山公园的周边服务人群以周边村民及居民为主，兼顾周边游览人群。根据多次踏勘总结现状，峣山公园由固定人员管理，平日基本为封闭式管理，周边基本只有工作人员，固日平均人流量保持在 3~5 人次。考虑现状人流量情况及开放后人流量的变化，日平均人流量约为 2325 人次，应适当增加管理人数。

景观结构布局：峣山公园采用"一环、三点"的景观结构。"一环"——环山绿道串联各个景观节点形成的主要景观环线；"三点"——包含北入口景观节点、林下休闲空间节点、山顶挑台景观节点。主入口分别有北侧及东侧两处，东侧设有一处景观石，刻有"峣山"字样。北侧入口标示景墙以石笼、锈板为主，刻有"峣山公园——走进自然，享城市慢生活"字样；增加服务公厕（消防管理房）及停车场（20 个），以满足游人的需求。在山腰处靠近旱溪设有林下空间及休闲廊架，增设消防知识宣传栏，为游人提供休息及交谈空间，并达到森林防火、消防知识等科普目的，形成了寓教于乐于一体的景观空间。根据场地高差变化及视线关系，结合登山木栈道，在山顶附近设置一处最佳观景点，并将挑台周边高大乔木移植，保证视野开阔。登临此处，便可尽赏城市景观。

园路分析：结合资源现状及高差变化，修建环山园路，增设悬挑木栈道，由环山绿道串联主要观景点。完善一级环山园路1676.5m，将登山环路与悬挑木栈道结合，以形成游人不同的登山体验。园路设计注重对原有生态系统的保护和修复，园路线位考虑最大纵坡小于13%，园路建设最大程度保留和修复了山上原有植被群落，打造了峄山特色景观环线。

竖向分析：峄山公园相对海拔高约56m，主峰一处最高点海拔高度为56.39m。工程建议采用低影响设计手法，以现状为基础，根据高差变化，通过增设挡墙、台阶等方式，丰富植被和现有地形的变化，并结合视线分析，在山顶设置一处观景挑台，以丰富游人游园及观景体验。

（3）设计策略

引入"三生"策略："恢复生态绿化，繁衍生息""完善园路系统，脉络生长""形成复合功能，再现生机"。"恢复生态绿化，繁衍生息"——生态复绿，地被修复，通过植物种植设计修复生态系统，保护生物多样性，实现可持续发展。"完善园路系统，脉络生长"——新建环山绿道，搭建山体公园交通系统，形成丰富的登山体验。"形成复合功能，再现生机"——新建活动场地、休闲空间、景观节点，激发场地活力。

### 4.3.2 乳山公园

（1）总体设计

本次项目为乳山公园综合整治提升工程，总体面积约37000$m^2$。乳山公园位于西海岸新区黄岛街道，南临刘公岛路，其余三面村道环绕，周边以住宅区为主。

设计涵盖景观工程、道路工程、管线工程、建筑工程、亮化工程等内容。具体设计包含针对绿道、绿化、节点空间、设施提升及功能完善等方面，专项设计包含绿化种植、环境设施设计、竖向、铺装等内容。

（2）设计思考

本次设计通过建设交通系统、修缮现状道路，通过打开乳山的场地、打造各节点空间、完善周边公共服务设施等措施，打造"乐享'后花园'"。乳山以林地为主，因此设计严格遵循"拆实墙、还绿景、通环路、便市民"的原则，旨在为市民提供更加舒适、便利的公园环境。设计遵循"尊重自然、顺应自然、保护自然"的原则，以及"因地制宜，一山一策"的要求，注重对原有生态系统的保护和修复，最大程度保留和复壮山上原有植被群落，打造乳山特色景观环线。

关于周边人群分析及人流量的重要性思考：乳山公园位于黄岛街道，周边规划多为居住用地及相关公服用地，东侧规划为非市属办公用地，因此乳山公园的周边服务人群以居住区常住居民为主，兼顾周边游览人群。因其为社区居民生活而用，所以基本无法确切知道人次，这种人次重复率高，人流量变动较小。据多次踏勘总结现状，乳山公园由固定人员管理，平日基本为封闭式管理，周边基本只有工作人员，故平均日人流量保持在3~5人次。

考虑目前人流量情况及开放后人流量的变化，通过工程建设开放场地后，乳山公园人流量定呈上升趋势，但由于周边居住区本身内部配套设施相对完善，其人流量控制在社区公园人流量范围内。因此，由《公园设计规范》（GB 51192—2016）可知，公园游人容量应按以下公式计算：C＝（A1/Am1）＋C1，式中，C 为公园游人容量（人），A1 为公园陆地面积（米$^2$），Am1 为人均占有公园陆地面积（米$^2$/人），C1 为公园开展水上活动的水域游人容量（人）。首先，因为水面和坡度大于 50% 的陡山地面积之和，超过总面积的 50% 的公园，游人人均占有公园面积应适当增加。其次，乳山定位为社区公园，其内部人次重复率高，人流量变动较小。综上，将取人均占有公园陆地面积范围内最高值 60（米$^2$/人），乳山面积为 37000m$^2$，由此可计算出乳山公园游人容量为616 人次。乳山公园开放后应考虑适当增加管理人数。

园路的设计思考：园路设计遵循"拆实墙、还绿景、通环路、便市民"的原则进行环形原路，旨在打开乳山内部空间，为市民提供更加舒适、便利的公园环境。园路设计注重对原有生态系统的保护和修复，园路线位考虑最大纵坡小于 13%，园路建设避免建伐现有植被，依据现有地形，考虑挖填方量……最大程度保留和复壮山上原有植被群落，打造乳山特色景观环线。

乳山竖向的设计思考：乳山公园相对海拔高约 50m，不属高山但山势起伏较大，纵坡较大。工程建议采用低影响设计手法，以现状为基础，保留现状，顺应现状竖向进行设计。通过增设挡墙、台阶及微地形绿化等方式，丰富植被和现有地形的变化，顺应地势高差，在丰富视线的同时，增强公园内部体验感。

(3) 设计策略

根据《公园设计规范》（GB 51992—2016）及《城市绿地规划标准》（GB/T 51346）明确乳山公园性质等级，确定乳山公园为公园绿地——G12 社区公园。因此乳山公园定位为服务于周边居民的低影响开发型社区公园，其改造提升将切实改善城市环境，遵循"拆实墙、还绿景、通环路、便市民"的原则，通过设计主环路提供散步健身的场地，邻近社区的较为平坦区域增设健身设施和服务建筑，为居民提供舒适、便利的公园环境。设计将采用低影响型设计手法，以生态注入功能，为周边居民打造"乐享'后花园'"，以山头公园的自然生机，唤醒城市活力。

### 4.3.3 北海公园

(1) 总体设计

本次北海公园整治提升工程的设计内容包含景观工程、道路工程、管线工程、亮化工程、海绵城市设计等，总体面积约为 152000m$^2$。

(2) 设计思考

公园现状为粉墙黄瓦、廊檐低垂、树翠环绕，但过去游乐使用留下了破碎的自然格局，本次设计将依据自然地貌之势，重塑空间格局、强化核心风貌、融入区域活力，沿着主环路以不同频率扩展和波动，能容纳生态、健身、文化、社区等多重使用功能，形成一座活跃的城市综合性公园。

人流量及服务人群分析：北海公园位于黄岛街道，周边用地以商服用地、住宅用地、三类工业用地为主，周边居住组团紧密，因此其服务人群主要以周边居民为主，兼顾周边游人及办公购物人员。由《公园设计规范》（GB 51192—2016）可知，公园游人容量应按以下公式计算：C＝（A1/Am1）＋C1，根据人均占有公园陆地面积指标中综合公园人均占有陆地面积 30～60 米²/人，由于周边居住组团紧密，人流量较大，故取人均占有面积为 40 米²/人，因此北海公园游人容量约为 3550 人次。根据区域属性，公园的使用将充分融入生活功能，同时强化现有骨架的游憩观感，对公园现状场地和植被进行梳理，整合各区块功能内容，形成动静相宜的综合公园典范。

应急避难：依据《关于加强城市绿地系统建设 提高城市防灾避险能力的意见》（建城〔2008〕171 号）、《防灾避难场所设计规范》（GB 51143—2015）、《地震应急避难场所场址及配套设施》（GB 21734—2008）、《城市抗震防灾规划标准》（GB 50413—2007）和《公园绿地应急避难功能设计规范》（北京市地方标准 DB11/T 794）等规范，应遵照城市综合防灾规划、城市绿地系统规划以及抗震防灾规划、消防规划以及地质灾害防治规划等基本要求，在对现有城市绿地全面摸底和调查评估基础上，结合城市自身特点和灾害类型，因地制宜地完善现有城市绿地防灾避险功能，提升新建绿地防灾避险设计水平。

应急避难设计应遵循"规划引领、因地制宜，平灾结合、以人为本，突出重点、注重实效"的设计原则。城市防灾避险功能绿地应依据城市综合防灾规划、城市绿地系统防灾避险规划等，结合城市灾害特征、设防重点、避难人员应急避险救援需求及城市用地条件等实际情况，合理选址。

城市防灾避险功能绿地应位于平坦、空旷、交通条件好的安全地域，远离地震断裂带、洪涝、山体滑坡、泥石流等自然灾害易发生地以及危险化学品、易燃易爆物或核放射物储放地、高压输电走廊等对人身安全有威胁或不良影响的区域；避开建（构）筑物的坠物或倒塌影响范围。

依据以上标准及规范，北海公园符合紧急避难场所的规范条件，因此北海公园现有紧急避难场所在工程建设过程中予以保留，工程建设过程中不改变场地功能及指标，仅通过铺装及绿化提升场地效果。

(3) 设计策略

根据《公园设计规范》（GB 51192—2016）、《城市绿地规划标准》（GB/T 51346）及《城市绿地分类标准》（CJJ/T 85—2017）明确北海公园性质等级，确定北海公园为内容较为丰富，具有较为完善的游憩和配套服务设施的区域性城市综合公园（G11）。因此，北海公园定位为一座服务于周边居民的，以生态体验、休闲游憩为主要功能的城市综合公园，其改造提升是老城更新升级的驱动引擎，是社区人文活力的自然载体。清理：腾退清空园区西南角原有林地下层植被，以及原有儿童游乐设施、动物铁笼等废弃场地。提升：在清理原有场地的基础上，以全龄、健康、运动为核心概念，打造全生命周期、全龄化的康体休闲乐园。置入：依托公园东北区域的现有闲置建筑，打造一个"清寂雅和"的中草药园；重新修缮并利用观涛阁下的室内建筑，为老年人提供书画室、棋牌室、阅览室等。

基于区域属性和地理特点，致力于将公园的使用与生活功能充分融合，同时强化现有框架，以提升游憩观感。在设计过程中，坚持保留林地生态基础，致力于打造巡山访古、悦健娱心、康养乐感、林下沁凉、登高乐游五大功能分区，旨在容纳生态、健身、文化、社区等多重使用功能和文化元素，打造一座活跃的城市综合性公园（图 4-15）。

巡山访古区域将提供探索和发现历史遗迹的机会，让人们感受到深厚的文化底蕴；悦健娱心区域将为市民提供健身锻炼和休闲娱乐的场所，以促进其身心健康；康养乐感区域则致力于为人们提供放松身心、养生保健的空间，并营造舒适惬意的氛围；林下沁凉区域将提供清新凉爽的环境，为人们提供遮阴休憩的场所；登高乐游区域则将为游客提供登高远眺、欣赏风景的机会，方便其感受自然之美。

通过以上多功能分区的设计，打造一座集生态、健康、文化、社区为一体的综合性公园，为市民和游客提供丰富多彩的体验和活动空间，促进社区互动和文化交流，让这座城市公园成为人们放松身心、健康锻炼、文化沉淀和社交活动的理想之地。公园的建成，将为城市增添更多生机和活力，更加有助于创造人与自然和谐共处的美好未来。

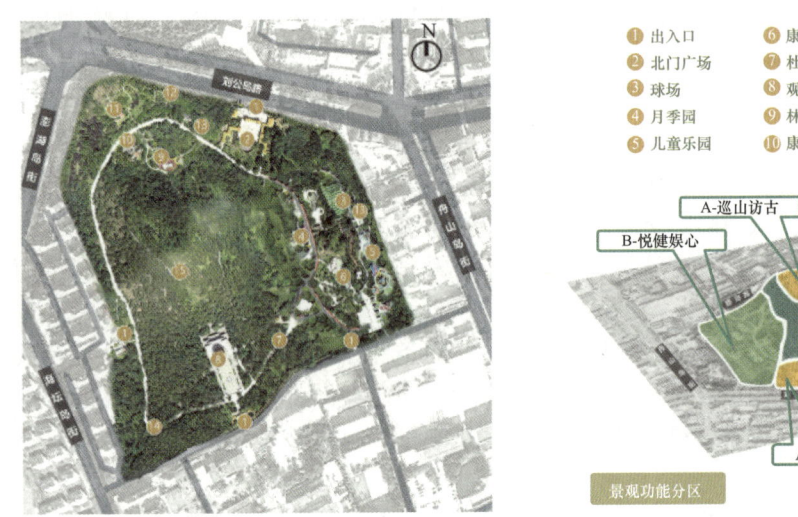

图 4-15　北海公园景观分区平面图

## 4.4 景观要素实施过程

### 4.4.1 景观工程

（1）峰山公园

项目设计内容主要包括：新建环山园路，登山步道，增加景观节点，形成多元化复合景观功能，完善基础设施及服务设施。

① 环山绿道：结合现有资源及高差变化，修建园路，增设悬挑木栈道，由环山绿道串联主要观景点。完善一级环山园路 1676.5m，设计游人步道，二级登山游步道 400m。登山环路与悬挑木栈道结合，打造游人不同的登山体验（图 4-16）。

(a) 峰山环山绿道总平面图示意　　(b) 园路效果图示意　　(c) 入口效果图

图 4-16　环山绿道

② 入口景观：峄山公园设有两处入口，分别位于山体东侧及北侧。东侧入口处设有一处景观石，刻有"峄山"字样。北侧入口对置两处景墙，材质以石笼为主，搭配锈板，并刻有"峄山公园——走进自然，享城市慢生活"字样。主入口景观的入口景墙选择石笼与锈板结合，并刻有"峄山公园——走进自然，享城市慢生活"字样，并设有林下休闲场地，铺装以防腐木为主，并设有木桩与铁网结合的景墙围合空间（图4-17）。

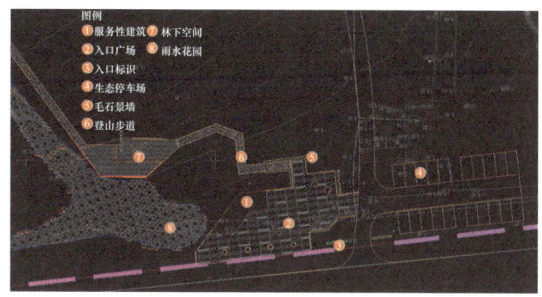 

(a) 东侧主入口平面图示意　　　　　　　(b) 北侧景观平台效果图示意

图4-17　入口景观

③ 消防宣传和山顶挑台：消防宣传结合场地高差变化及游人观赏路线，消防环路周边设置一处廊架，并增设消防知识宣传栏，为游人提供休息及交谈空间，还可达到森林防火、消防知识等科普的目的，形成了寓教于乐于一体的景观空间（图4-18a）。山顶挑台根据场地高差变化及视线关系，结合登山木栈道，在山顶附近设置一处最佳观景点，即山顶景观挑台，并将挑台周边高大乔木进行移植，保证视野开阔。登临此处，便可尽赏城市景观（图4-18b和图4-18c）。

④ 绿化种植景观：绿化种植设计因地制宜、结合人的需求，运用植被不同形态、季相变化，形成丰富的四季景观。充分尊重和利用各类植物的生态习性及生态适应性，发挥其观赏特性，营建季相突出、物种丰富、景观多样的山体公园（图4-19）。

在植物选择的过程中，创造维护植物正常生长的生境条件，达到保护区域内植物多样性的目的，营造山体生态风景林。在保留现有植被的基础上，增加色叶植物及宿根花卉，以达到绿化遮挡、烘托氛围的目的。主要植物种类：上层有雪松、黑松、龙柏、银杏、白蜡、枫杨、乌桕等；中下层有巨紫荆、碧桃、紫叶李、大叶黄杨、红叶石楠、海桐、火棘、小龙柏、二月兰、宿根天人菊、粉花绣线菊等。

 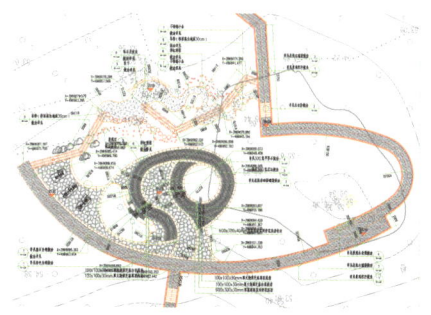

(a) 安全知识宣传栏效果图示意　　　　　　(b) 山顶景观挑台平面图示意

(c) 山顶观景台效果图示意

图 4-18　消防宣传和山顶观景台设计

节点空间多运用观赏性较强的大乔木及观花乔灌木，营造热烈统一的植物景观。主要植物种类：上层有女贞、榉树、黄山栾、丛生朴树、金叶复叶槭、羽毛枫等；中层有白玉兰、紫叶李、美人梅、北美海棠、花石榴、山桃等；下层有红叶石楠、紫叶小檗、瓜子黄杨、金森女贞、彩叶杞柳等。

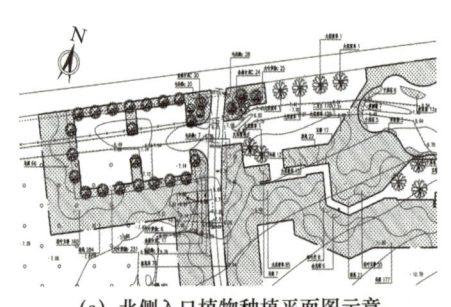　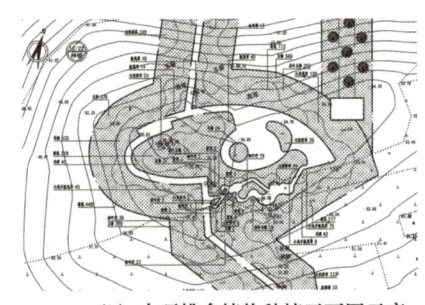

(a) 北侧入口植物种植平面图示意　　　(b) 山顶挑台植物种植平面图示意

图 4-19　绿化种植景观

⑤ 环境设施专项：座椅设计采用木质、石材及新型材料，座椅形式简约，中心围合形成植物种植池，为人们休憩提供荫庇，共设置 20 个。垃圾桶采用简洁形式，设计易于清空的自卸式垃圾箱。根据垃圾分类设计标准进行统一控制。不同功能区可以根据需求进行合理搭配，共设置 20 个（图 4-20a）。

导视系统是园区内可识别性工具系统，在充分重视其功能的基础上，通过材质的变化、造型的象征性，并与相应环境相融合，旨在建立一套美观实用、兼顾特色的标识系统，共设有导视系统 4 套（图 4-20b）。

为便于后期森林防火管理，设开放式入口 2 处并对外打开，其他的山体区域仍以围网隔离，以预防安全隐患。采用铁艺围网形式，后期可挂月季植物，整体融入景观中，体现生态性。围网长度约 2000m（图 4-21a）。

山体冲沟部分的水体有部分自然水系冲沟，现状存在水土流失，整体自然排水不畅，此次设计将重新梳理排水问题，充分利用现有冲沟及景石并结合湿生植物，共同营造生态野趣的景观效果（图 4-21b）。

(a) 设施设计图示意　　　　　　　(b) 导视设计图示意

图 4-20　环境设施专项设计

(a) 山体围网设计意向　　　　　　(b) 景观冲沟设计意向

图 4-21　山体围网与景观冲沟设计

（2）乳山公园

乳山公园总体规划通过新建环山绿道，打造各节点空间，修缮现有道路并完善周边公共服务设施，打开乳山的场地空间。主入口规划一处 40m² 护林房、一处现状村道，以提供防护修缮，提升公共服务设施服务水平。通过建设环山绿道，串联各节点，打造"乐享'后花园'"。设计总面积为 3700m²。

项目设计内容主要包含新建景观节点空间、新建环山绿道、外环路及其周边设施修缮、总体基础设施完善等。

设计采用"一环、一心"的景观结构："一环"——环山绿道串联各个景观节点形成的主要景观环线；"一心"——包含主入口广场在内的乳山活动中心，成为人们体验自然的生态绿心（图 4-22）。

重要景观节点：中心活动广场——位于入口景观区西侧，是公园的主入口（图 4-23）。根据硬质现状，打造人群集散广场，三重台阶顺应现有地势，采用直线对称式元素，强调轴线构图，凸显景观仪式感。树阵广场设置树池座椅，表达人与自然的和谐共存。

绿化种植专项：将生态保护作为该功能分区的主旨，注重现有自然基底，通过植被梳理、裸露土地修复及边坡复绿等方式进行生态修复，有效维持生态多样性，打造周边居民区真正的生态绿林。

图 4-22 乳山公园景观结构图示意

图 4-23 中心活动广场

（1）芬芳乐享——康体场地

在保留原有长势较好植被的情况下，优化现有林相，补植景观效果较好的树种，提高景观树种的比例；选择泡桐、构树、丁香、国槐、火炬树、火棘、山楂、山杏等作为康体场地的苗木。部分无植被覆盖的区域直接改造为景观林，形成林相美观的常绿与落叶阔叶混交林，打造"四季之美"。

（2）土壤修复——地被覆盖

为发挥山头植被自身的生态效益，建议对区域内成片的林地进行整体保育，同时通过间伐、补植等方法对局部地区劣质或长势衰弱的植物群落进行林相改造，将麦冬、滨旋花、扶芳藤、蔓荆、紫穗槐、迎春、络石、爬山虎等作为土壤修复的首选。

适当增加一些阔叶树种和灌木、花草，优化植物群落结构，由单层向复层，由纯林向混交林调控，提升景观效果，增加食源性植物，建立场地内多样的动物的栖息环境（表 4-3）。

表 4-3 乳山公园种植苗木

| 序号 | 生态型 | 拉丁名 | 图例 | 名称 | 规格 高度(cm) | 规格 冠幅(cm) | 面积 | 单位 | 备注 |
|---|---|---|---|---|---|---|---|---|---|
| | | | | | 灌木地被面积表 | | | | |
| 1 | | Phyllostachys propinqua | | 早园竹 | >300 | | 226 | 平方米 | 直径2cm，竹鞭长>50，竹鞭3个，梅花形25株/平方米 |
| 2 | | Forsythia suspensa | | 迎春 | 60 | 30 | 873 | 平方米 | 密植，36株/平方米，密植，不少于5分枝，高度为修剪后 |
| 3 | | Photinia × fraseri 'Red Robin' | | 红叶石楠 | 60 | 30 | 804 | 平方米 | 火焰红，斜截密植，过楼修剪成圆形，36株/平方米，毛球，高度为修剪后 |
| 4 | | Euonymus japonicus | | 大叶黄杨 | 60 | 30 | 181 | 平方米 | 斜截密植，过楼修剪成圆形，36株/平方米，高度为修剪后 |
| 5 | | Euonymus japonicus 'Aureo-marginatus' | | 金边黄杨 | 50 | 25 | 313 | 平方米 | 株形饱满，毛球，49株/平方米，5芽/丛 |
| 6 | | Cortaderia selloana 'Pumila' | | 矮蒲苇 | 50 | >30 | 122 | 平方米 | 25丛/平方米，5芽/丛 |
| 7 | 地被 | Muhlenbergia capillaris | | 粉黛乱子草 | 40 | | 76 | 平方米 | 36株/平方米，10~15芽/棵 |
| 8 | | Euonymus fortunei | | 扶芳藤 | 40 | >25 | 631 | 平方米 | 36株/平方米，不少于5分枝，高度为修剪后 |
| 9 | | Buxus sinica | | 瓜子黄杨 | 30~40 | 20~30 | 208 | 平方米 | 斜截密植，过楼修剪成圆形，64株/平方米，枝条修剪，三分枝以上（大田苗） |
| 10 | | Sabina chinensis 'Kaizuka' | | 小龙柏 | 30~40 | 25 | 746 | 平方米 | 斜截密植，过楼修剪成圆形，64株/平方米，枝条修剪，三分枝以上（大田苗） |
| 11 | | Nandina domestica | | 火焰南天竹 | 30~40 | 20~30 | 124 | 平方米 | 49株/平方米 |
| 12 | | Pennisetum alopecuroides | | 白穗狼尾草 | >30 | >25 | 65 | 平方米 | 25丛/平方米，5芽/丛，株形美观饱满 |
| 13 | | Miscanthus sinensis cv | | 细叶芒 | >30 | >25 | 78 | 平方米 | 25丛/平方米，5芽/丛，株形美观饱满 |
| 14 | | Miscanthus sinensis Andress 'Zebrinus' | | 斑叶芒 | >30 | >25 | 20 | 平方米 | 25丛/平方米，5芽/丛，株形美观饱满 |
| 15 | | Coreopsis grandiflora | | 大花金鸡菊 | ---- | ---- | 1834 | 平方米 | 播种，10g/平方米 |
| 16 | | Trifolium repens | | 三叶草 | ---- | ---- | 3301 | 平方米 | 播种，10g/平方米 |
| 17 | | | | 野花组合A | ---- | ---- | 1228 | 平方米 | 播种，10克/平方米，大花金鸡菊，百日草，蛇根草亚麻，宿根加菊，蓍草种子混播 |
| 18 | | | | 野花组合B | ---- | ---- | 753 | 平方米 | 播种，10克/平方米，宿根天人菊，勿忘草，矢车菊，蓝斗草种子混播 |
| 19 | | Zoysia matrella | | 马尼拉草坪卷 | ---- | ---- | 1792 | 平方米 | 成品草皮卷 |
| 20 | | Ophiopogon japonicus | | 细叶麦冬 | >20 | | 66 | 平方米 | 81丛/平方米，3~4芽/丛 |

| 序号 | 生态型 | 拉丁名 | 图例 | 名称 | 规格 胸(地)径(cm) | 规格 高度(cm) | 规格 冠幅(cm) | 枝下高(m) | 数量 | 单位 | 备注 |
|---|---|---|---|---|---|---|---|---|---|---|---|
| | | | | | 乔灌数量统计表 | | | | | | |
| 1 | 常绿乔木 | Pinus tabulaeformis | | 油松B | D:13~14 | 200~250 | >400 | <1.0 | 7 | 株 | 全冠，不少于5个云层，树形美观 |
| 2 | | Pinus tabulaeformis | | 油松C | D:17~18 | 250~300 | >450 | <1.2 | 4 | 株 | 全冠，不少于5个云层，树形美观 |
| 3 | | Celtis sinensis Pers | | 朴树B | 12~13 | 650~750 | >400 | <1.8 | 19 | 株 | 全冠，主枝散乱>4，四级分枝以上，树形美观 |
| 4 | | Celtis sinensis Pers | | 丛生朴树A | 单株D:7~8 | 500~600 | >500 | ---- | 1 | 株 | 全冠，不少于5枝，每个枝四级分枝以上，自然形态，姿态优美，树叶繁茂 |
| 5 | 落叶乔木 | Zelkova schneideriana | | 榉树C | 13~14 | 600~650 | >350 | <2.0 | 5 | 株 | 全冠，主枝散乱>4，树形美观，饱满 |
| 6 | | Acer pictum subsp. mono | | 五角枫B | 13~14 | 600~650 | >350 | <2.0 | 4 | 株 | 全冠，树形美观，饱满 |
| 7 | | Robinia pseudoacacia Linn | | 刺槐B | 14~15 | 600~650 | >350 | <2.0 | 13 | 株 | 全冠，树形美观，饱满 |
| 8 | | Cerasus serrulata var. lannesiana | | 日本樱花 | D:17~18 | 450~500 | >350 | <1.8 | 7 | 株 | 全冠，树形美观，饱满 |
| 9 | | Acer palmatum 'Atropurpureum' | | 红枫 | D:7.0~8.0 | 200~250 | >180 | <0.8 | 9 | 株 | 全冠，树形美观，饱满 |
| 10 | 灌木 | Photinia × fraseri 'Red Robin' | | 红叶石楠球A | | 250 | | | 4 | 株 | 株形美观，饱满，精植 |
| 11 | | Photinia × fraseri 'Red Robin' | | 红叶石楠球B | | 150~160 | >150 | | 2 | 株 | 株形美观，饱满，精植 |
| 12 | | Euonymus japonicus | | 大叶黄杨球B | | 250 | | | 7 | 株 | 株形美观，饱满，精植 |
| 13 | | Euonymus japonicus | | 大叶黄杨球C | | 150~160 | >150 | | 7 | 株 | 株形美观，饱满，精植 |
| 14 | | Euonymus japonicus 'Aureo-marginatus' | | 金边黄杨球 | | 120~140 | >120 | | 12 | 株 | 株形美观，饱满，精植 |
| 15 | | | | 景石A | 1.8*1.5*1.2(m) | | | | 27 | 块 | 河滩石 |
| 16 | 其他 | | | 景石B | 1.2*1.0*0.5(m) | | | | 19 | 块 | 河滩石 |
| 17 | | Cedrus deodara | | 移植雪松 | | 500 | >450 | | 22 | 株 | 现场移植利用 |
| 18 | | Prunus cerasifera Ehrhar f | | 移植红叶李 | D:10~11 | 250~300 | >220 | <1.0 | 3 | 株 | 现场移植利用 |
| 19 | | Photinia serrulata | | 移植石楠球 | | 150~220 | >150 | | 15 | 株 | 现场移植利用 |

环境设施专项：场地色彩设计秉承安全、大气、规整、实用等原则，选用灰色系等低饱和度的颜色、简洁的图案和环保、生态材料作为公园的铺装。导视系统是园区内可识别性工具系统，起到加强各部分联系的作用。我们在充分重视其对立统一功能的基础上，通过材质的变化、造型的象征性，与相应环境相融合，旨在建立一套美观实用、兼顾特色的标识系统，使其成为乳山区域内一条特别的风景线。文字标志规范且准确，绘图记号具有直观、易于理解、无语言文字障碍、容易产生瞬间理解的优点。

座具设计以系统设计、精于体宜、因地制之为原则，针对不同环境，设计功能不同而风格一致的休息设施，节点处座椅可成为景致，与景观树或场地结合；沿漫步道布置简约而舒适的座椅；节点处可结合景观小品进行特色座椅的设置。设计风格简约、舒适、轻巧、美观，材料以防腐木为主，局部使用石材。节点或绿化带内空间的景观座椅视情况布置（图4-24）。

图 4-24 乳山公园座椅效果示意

此次设计的新型分类垃圾桶（图 4-25）充分展现自然简约感，通过细节体现生态自然及人文关怀。材料以防腐木为主，采用分类垃圾桶形式，布点符合《公园设计规范》（GB 51192—2016）有关要求。

（3）北海公园

设计共分为以下五大功能分区：

1. 入山访古——基于仿古建筑群营造古色古香的入口景观。

依托气势恢宏的汉阙式大门和仿古建筑组群，在九龙照壁上雕刻砂岩浮雕，池中的浪涛石群是对九龙吐水的延伸，共同形成"九龙吐水，云水祥纹"的意境。此处改造面积约 1800m²，同时在主入口外侧通过沥青划线的方式规整 20 个机动车停车位和 40 个自行车停车位，并在现有台阶处改造 2 个无障碍坡道（图 4-26a）。

图 4-25　垃圾箱效果图示意

(a) 北海公园北大门效果图示意

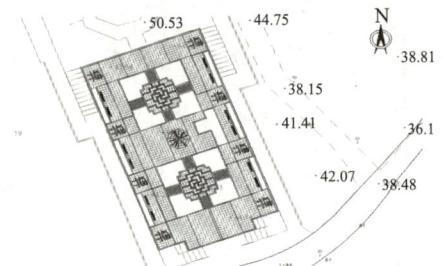

(b) 北海公园观涛阁平面图示意

图 4-26　北海公园北大门和观涛阁

南次入口依山就势，观涛阁高台矗立，是公园的中心地标景观建筑。拾级而上可登高揽月、凭栏东眺胶州湾；门上悬挂匾额，上书"观涛"。设计通过线性青石铺装和绿带的线性布局，扩大了广场面积，有效地改善了进深较短、空间较小带来的视觉逼仄感，为重大活动提供了容积可观的场地，也为疏散人流提供了可能。中心设置一处指向青岛市各景观制高点的方向标识地刻，凸显其在城市空间中的控制力和标志作用。西南次入口重新选址，在原有入口基础上东移 40m，延续粉墙漏窗、黄色琉璃瓦的围墙，西侧绿地布设一组云墙元素的景观小品，东侧则在粉墙上悬挂公园名称，由外向内透过中轴线广场有一处粉墙漏窗对景，配以黑松景石，让游客感受传统园林的诗意（图 4-26b）。

2. 悦健娱心——通过全方位功能注入，以全龄、健康、运动为核心概念，打造全生命周期全龄化的康体休闲乐园，此次改造面积约为 2800m²（图 4-27a）。西南入口以北区域，是本次设计的重点，基于原私营游憩场地及设施对其进行改造设计。这是一个崭新的舞台，可带来斑斓的体验。腾退清空园区西南角现有林地下层植被，设计林下低影响活动区域，增加休闲功能及养护管理通道，铺装材料以砾石、砂石、碎木屑为主。在原有儿童游乐设施、动物铁笼等废弃场地基础上，以全龄、健康、运动为核心概念，打造全生命周期、全龄化的康体休闲乐园（图 4-27b）。

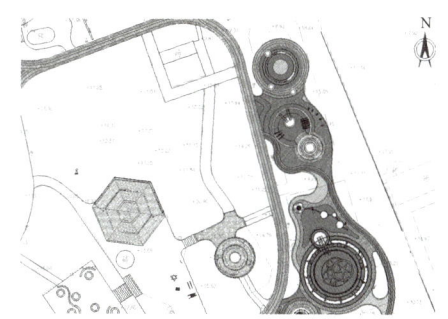

图 4-27　北海公园全龄活动场地平面示意

3. 康养乐感——在可观、可学、可游的情景化游园中放大人对自然的感知，此次改造面积约为 2000m²。依托公园东北区域的现有红砖建筑，借鉴中国造园手法，景墙屏风、起承转合，一个"清寂雅和"的康养园跃然心间。康养园以现有建筑门厅为中轴线，分布着以中医四时养生规律来打造的"春生、夏长、秋收、冬藏"四个空间，通过四组景墙介绍四季药膳的方法及对应的中草药科普知识，并种植相应的中草药植被，贴近生活。园中还以古法制药流程"采集—摘选—切片—碾磨—臼杵—熬制"为线索打造情景化游园路线（图 4-28）。

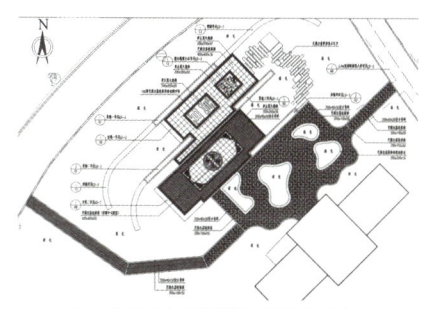

（a）北海公园康养园平面图示意　　　　（b）北海公园康养园效果图示意

图 4-28　北海公园康养园

4. 林下沁凉——打造移步异景、四季有景的园路景观，此次改造面积约为 23740m²。从各个入口沿主环路散步，沁人心脾的芬芳总能引人驻足。花海采用不同季相植物的搭配，使四季有景，成为人们学习、认识自然的室外课堂。花木阴影斑驳里，闲闲雀鸟，山体愈显秀色，光影摇曳，天地一片烂漫（图 4-29）。

（a）北海公园林下沁凉平面图　　　　　（b）北海公园林下沁凉效果图

图 4-29　林下沁凉

5. 登高乐游——结合山势塑造可游的功能活动空间，此次改造面积约为 $700m^2$。山林区域容纳家庭游乐活动与自然设施，包括林下休息场地、登山梯道、竹林茶社、冥想场地等。重新修缮利用观涛阁下的室内建筑，为老年人提供书画室、棋牌室、阅览室等（图 4-30）。

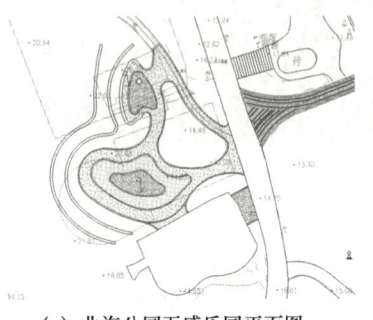
(a) 北海公园五感乐园平面图

(b) 北海公园五感乐园效果图

图 4-30　五感乐园

## 4.4.2　管线工程

（1）峄山公园

根据项目建设需求，在公园内配套建设雨水管渠、污水贮粪池、消防水池、给水管道（兼具消防水池补水与厕所用水功能），车道坡度 2.0%，降水记入浆砌石边沟（图 4-31）。

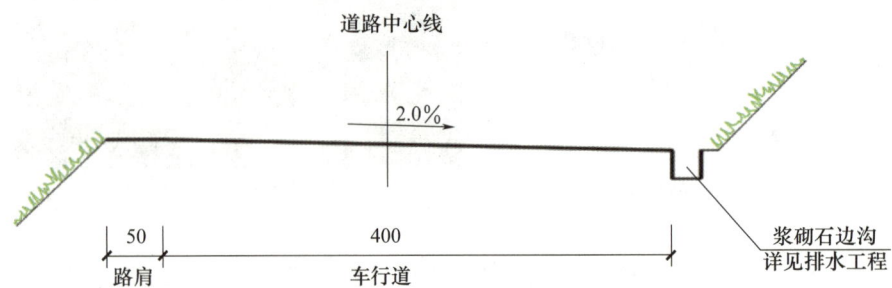

图 4-31　峄山公园消防道路横断面图

① 雨水系统：在峄山公园新建消防环路靠山体一侧新建 0.5m×0.8m 雨水边沟，截流山体雨水后就近排入现有雨水冲沟，经原有排水系统排入公园周边现有市政排水系统。

在峄山公园靠近峄山路位置建设 DN1500 雨水管道，用于代替因建设景观节点而阻断的雨水冲沟。具体雨水管道汇水面积如图 4-32 所示。

② 污水系统：峄山公园西北位置设置厕所一处，紧邻道路污水管道，埋深较浅，且位于道路北侧，厕所污水不具备接入条件，因此新建 $75m^3$ 贮粪池，用于收集厕所污水。污水经贮粪池收集后，将由公园维护单位进行定期清理。

③ 给水系统：本次设计消防水池旨在保障人民生命安全，并在火情初期提供水源支持，方便当地消防部门就近取水，以控制山火蔓延速度，为人员疏散撤离争取时间；人员撤离后，仍需依靠专业森林消防力量，采用消防直升机、森林消防车等专业设备进行灭火。

根据公园可游览范围，人员疏散撤离所需时间按照 2 小时考虑，据此确定消防水池持续使用时间为 2 小时。

(2) 乳山公园

在乳山公园新建环山绿道靠山体一侧新建 0.5m×0.5m 雨水边沟，截流山体雨水，收集区域地表径流后，排入公园西侧现有排水通道。雨水管道汇水面积如图 4-33 所示。

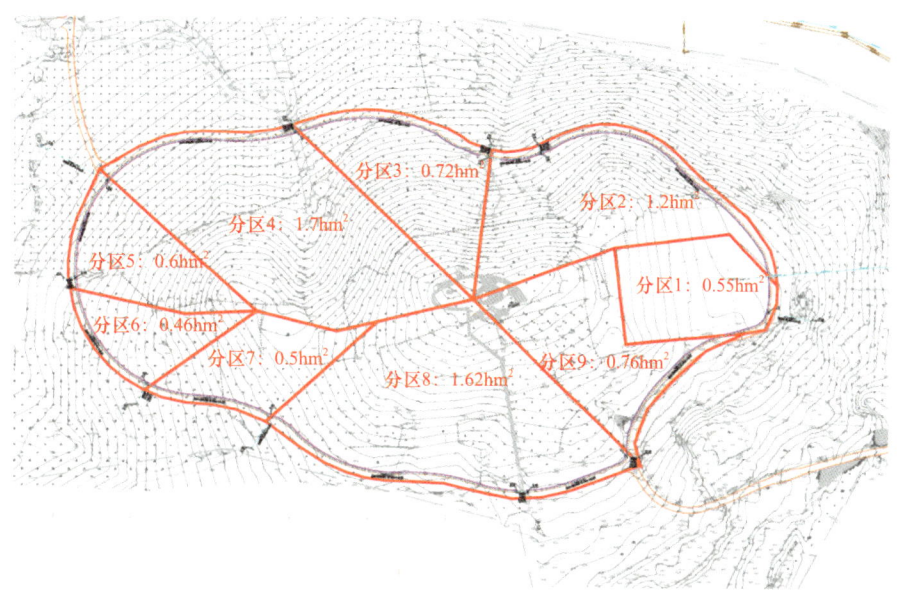

图 4-32　崂山公园雨水管道汇水面积示意

图 4-33　乳山公园雨水管道汇水面积示意

（3）北海公园

在北海公园改造片区靠山体一侧新建 0.5m×0.5m 雨水边沟，截流山体雨水后排入新建雨水管道；在改造片区内新建 DN400～DN800 雨水管道，收集区域地表径流后，排入公园北侧刘公岛路现有 DN300 市政雨水管道，埋深为 4.4m。雨水管道汇水面积如图 4-34 所示。

图 4-34　北海公园雨水管道汇水面积示意

## 4.4.3　道路工程

（1）峱山公园

依据山头公园总体方案，需新建部分森林防火通道，同时对现有土路进行硬化处理，在投资额容许范围内，对部分具备拓宽条件的道路进行拓宽，对部分现有竖向坡度较大的道路进行改造。

平面布设尽量考虑利用现有路基，纵断面尽量控制在规范容许坡度范围内。针对部分非等级路，尽量根据现状进行设计，本次消防通道铺设总面积为 6706m²。

在满足交通和技术要求的前提下，平面线形依据"自然保护、因山就势"的原则，充分利用已形成的土路，同时在道路的竖向控制上，避免大填大挖，尽量保持自然山体和植被的完整性。除必要的园路外，尽量减少车行道，尽量减少山林硬化面积。依据山头公园总体方案，峱山新建环山防火通道主要位于半山腰处，长约 1523m。

道路设计包括纵断面设计、横断面设计、路基设计（填方路基的基底处理、拓宽段处理、路基填方边坡、路基填料、路面结构设计、错车道设计）。

（2）乳山公园

依据山头公园总体方案，新建部分森林防火通道，同时对现有土路进行硬化处理，在投资额容许范围内,对部分具备拓宽条件的道路进行拓宽,对部分竖向坡度较大的现有道路进行改造。

平面布设尽量考虑利用现状路基,纵断面尽量控制在规范容许坡度范围内。对部分非等级路,本次工程尽量根据现状进行设计。

### 4.4.4 建筑工程

(1) 崂山公园

新增一处 80m² 服务性建筑。材料以锈板、防腐木装饰为主,适当搭配石材。建筑风格为现代与自然野趣结合,使建筑巧妙地融入崂山山体公园自然景观中(图 4-35)。

图 4-35 建筑风格意向图

(2) 乳山公园

乳山公园建筑内容为新增一处钢木混合结构的 40m² 护林房。护林房位于主入口南侧,其打破传统单一的"火柴盒"式外型和古板单一的颜色,巧妙地融入现代建筑风格,在材料上采用防腐木、石材等森林产品。内部装饰材料也以木石为主,并通过采用 25mm 厚水泥砂浆垫层,垫层上铺一层聚苯乙烯丙纶高分子复合防水卷材等方法,解决防潮等问题。

护林房将利用玻璃打造灰空间,以打开室内的视野,室外搭配集散、停留的开阔空间,让护林房内外真正做到"一房一景""一景一房",并融入山头公园景观(图 4-36)。

(3) 北海公园

针对公园内较为复杂的现状建筑,改造提升共分为以下四类,其中包含建筑修缮 820m²、建筑外立面整治 7000m²、建筑室内装修 1840m²。

对破损严重建筑进行拆除,包括小卖部、碰碰车场地、废弃动物园铁笼、简易房等建筑物及经营性场所。

对仿古建筑、构筑物进行整治修缮。首先是对三个入口大门进行修缮,包括铁艺大门更换、牌坊石柱清洗、检修并更换琉璃瓦;对观涛阁、泛翠亭等仿古建筑进行修缮,包括墙体粉刷、内装修缮立柱刷漆、建筑构件检修及部分更换。其次是对公共厕所等服

图 4-36　护林房效果图

务设施的整治提升，包括屋顶防水处理、外立面仿古处理、墙体粉刷等。最后是对紫藤长廊进行结构加固。

对闲置建筑物改造利用，赋予其新的功能。包括结构加固处理、屋顶防水、外立面及室内改造提升。

新建必要的 100m² 功能性建筑及廊架构筑。

具体建筑改造提升点位及效果图示意如图 4-37 所示。

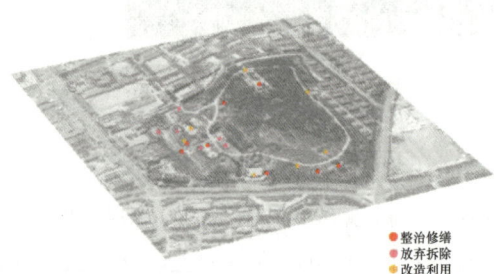

(a) 北海公园现状建筑改造利用点图

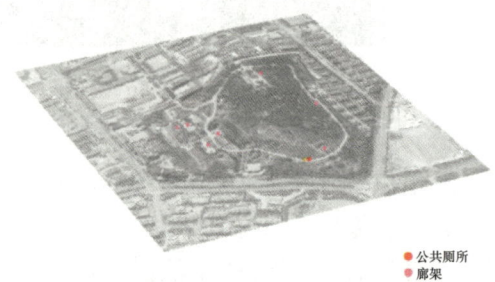

(b) 北海公园新增构建建筑物点图

(c) 北海公园建筑改造提升示意图

(c) 北海公园建筑改造提升示意图

图 4-37　具体建筑改造提升点位及效果示意图

## 4.4.5 结构工程

（1）峒山公园

公园新增木栈道及悬挑平台，悬挑平台上部结构采用钢筋混凝土悬挑板，上设木质铺装，两侧设置护栏；下部采用墩柱结构，墩柱直径为 45cm。园路与山顶游乐区之间设置 2m 宽悬挑木栈道，实现连通功能。木栈道上部结构采用钢筋混凝土悬挑板，采用木质铺装，两侧设置护栏；下部为单墩结构，墩柱直径为 45cm，沿木栈道中心线布置。基础采用钢筋混凝土独立基础，下设 10cm 厚 C20 素混凝土垫层。基础埋深均不小于 1.5m，持力层为现状山体局部开挖后的岩体，要求地基承载力不小于 120kPa。木栈道立面图及基础平面图如图 4-38 所示。

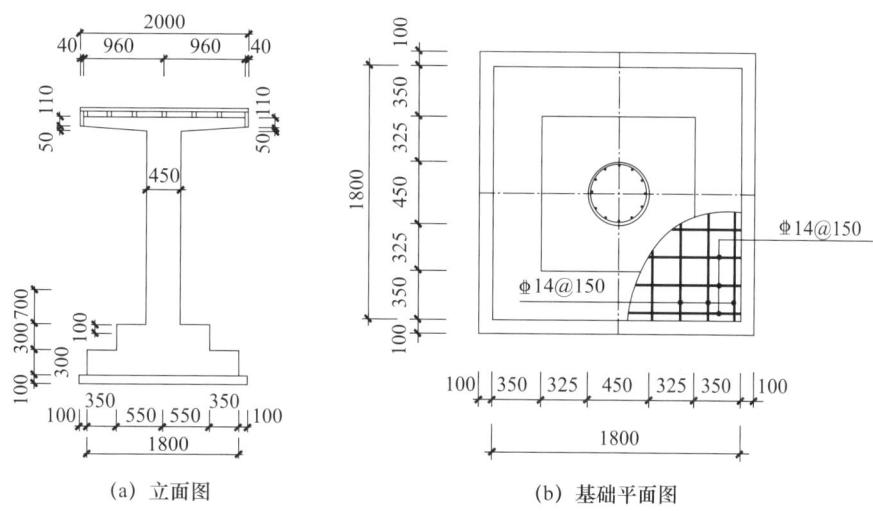

图 4-38　峒山公园木栈道

基槽开挖完成后须通知勘察单位、设计单位验槽，验槽完毕并确认符合设计要求后，方可进行下一道工序。现场开挖后踏勘情况与设计不符或发现必须查明的异常情况时，应进行施工勘察。地基承载力不满足要求时，需采用砂夹石（其中碎石、卵石占总质量的 50%）进行换填，换填垫层分层压实，压实系数 0.95。基底换填时，每层厚度不大于 30cm，分层填筑夯实。换填后地基能否满足设计要求，应以现场荷载试验为准。基础两侧应同时填土，填土密实度要均匀。采用砂性土、砂砾、碎石等材料回填，土高差不超过 0.5m。要求内摩擦角不小于 35°，压实度不小于 93%（重型击实标准）。

地基与基础工程施工应遵照相关标准、规范及规程的规定，基础验收合格后方可进行上部结构施工。

（2）乳山公园

乳山公园北侧挡墙上方有一现状围墙，为砖混结构，未设置铁艺围栏及相关预埋件，不具备防护功能，拟将该围墙拆除重建，设置钢筋混凝土条形基础，断面为 30cm×80cm；新建围墙并加设铁艺护栏（图 4-39），外立面采用丙烯酸外墙涂料装饰，围墙与园区道路间设置绿化带。

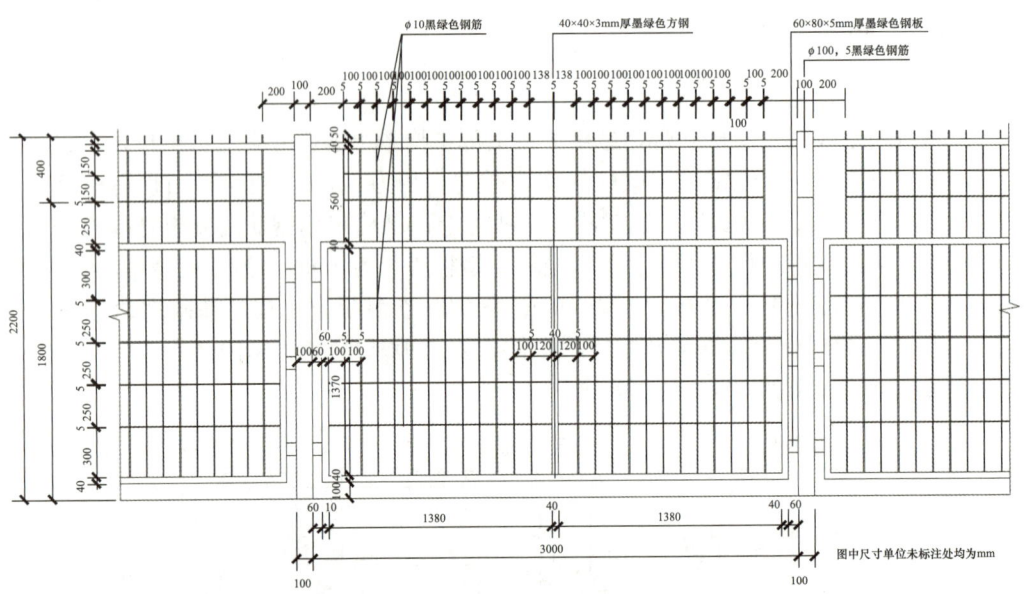

图 4-39　乳山公园围墙立面图

## 4.4.6　亮化工程

该工程包括景观照明系统。

主要设计原则包括以下四点。

功能性原则：夜景照明需要符合功能性照明的要求，根据不同的场合、不同的空间、不同的照明对象选择不同的照明方式，并确保恰当的照度与亮度。

安全性原则：照明系统配电及供电线路保护应满足规范要求。

美观性原则：夜景照明是装饰、美化环境与创造艺术氛围的一种重要手段。为了对空间进行装饰美化，增加空间夜间层次感、渲染出对应的空间气氛，可适当采用一定量的氛围照明。

经济性原则：照明设计应以能源节约和经济节省为前提，通过科学合理的设计进行整体规划。用最少的投资最大限度地体现出实用性价值和美观性价值，并达到使用功能和审美功能的统一。

功能照明主要采用 40W LED 庭院灯，色温为暖白光，布置间距为 25m，灯具中心位置距铺装边沿 0.75m，以满足夜间活动功能照明需求。在满足眩光限制和配光要求条件下，应选用高效、节能的灯具。每套灯具的绝缘电阻和电气强度应符合 GB 7000.1 绝缘电阻和电气强度的要求。选用抗震性能好、寿命长且耗电量低的光源。照明灯具防护等级应不低于 IP 65。LED 投光灯均由配套支架安装固定（图 4-40）。

## 4.4.7　海绵城市设计

地面径流应通过有组织地汇流与转输，经截污等预处理后引入绿地内，并通过设置在绿地内的以雨水渗透、储存、调节等为主要功能的低影响开发设施进行处理。

低影响开发设施的选择应因地制宜、经济有效、方便易行，优先设计下沉式绿地、生物滞留带、雨水湿地等。海绵城市设计应符合相关规划要求，在满足绿地生态、景观、游憩和其他基本功能的前提下，合理地预留或创造空间条件，采取"渗、滞、蓄、净、用、排"等措施，与城市雨水管渠系统、超标雨水径流排放系统相衔接，实现缓解城市内涝、削减径流水平、提高雨水资源化利用、改善城市景观的目的。

图 4-40　灯具选型

## 4.5　建设效益分析

### 4.5.1　经济效益

青岛西海岸山体公园景观营造项目是一项完善基础设施，提高城市现代化和生态文明的项目，其面向周边市民，产生的直接及间接经济效益都是非常大的，主要体现在山体公园实施所带来的城市发展效益、时间节省的经济效益、增加周边地块驱动力所产生的效益等。此次工程的建设实施，可以进一步完善西海岸新区的公共配套设施和城市生态发展，带动周边地块的开发升级。

### 4.5.2　社会效益

该工程的实施将改善周边区域的环境质量，促进西海岸新区区域经济的进一步发展以及土地大幅度的增绿，有利于切实改善城市环境，提升园林绿化品质，从而进一步提升西海岸新区的形象。另外，还可为周边居民提供休闲娱乐的公共活动空间，改善市民生活环境，为群众提供更好的生态服务，进一步实现"绿色全民共享"。

### 4.5.3　环境效益

随着人类文明的进步和社会经济的发展，人们已逐渐认识到环境保护对促进社会和经济持续、稳定、协调发展的重要意义。在我国，环境保护已作为一项基本国策，受到了全社会的关注和重视。

山体是青岛重要的生态资源，城市山体绿地是青岛山海城特色风貌的重要组成部分，本次项目作为城市绿地的一部分，其环境效益包括灰尘的减少、环境的改善等。本着"拆实墙、还绿景、通环路、便市民"的原则，通过绿化种植、景观节点塑造等方式，大为改善山头公园的环境建设。这不仅提高了环境质量，提升了环境绿貌，对改善新区的生态环境质量也具有显著的生态效益。

## 4.6 经验与启示

### 4.6.1 山体特殊灾害的预防（抗震设防）

根据《中国地震动参数区划图》（GB 18306—2015），沿线区域地震动峰值加速度系数为0.1g，地震动反应谱特征周期为0.45s，相当于地震基本烈度区划Ⅶ度区，设计地震分组第二组。青岛市所处大地构造单元相对稳定，历史地震观测资料表明，自有记载以来，本市未发生过破坏性地震，以弱震、微震为主，且震中离散，无明显线性分布。

根据本地区有关区域地质资料分析，影响场区断裂的均属非全新活动性断裂。本区不具备发生破坏性地震的地质条件，地震危险性主要受远场区中强地震的影响，场区区域上属相对稳定地块。根据《建筑抗震设计规范》（GB 50011—2010）（2016年版），场区抗震设防烈度为7度，设计基本地震加速度值为0.10g，设计地震分组第二组。

勘察期间场地及周边地区未发现岩溶、滑坡、危岩、崩塌、泥石流、采空区等不良地质作用；未见埋藏的古河道、沟浜、墓穴、防空洞、孤石等对工程不利的埋藏物。场区上部广泛分布有厚度较大的淤泥质土等软弱土层。综合判定，本项目场地属对建筑抗震不利地段，场地稳定性及建筑适宜性一般。

本工程根据《青岛市人民政府办公厅关于在基本建设管理程序中进一步加强抗震设防要求管理工作的通知》（青政办发〔2009〕46号）关于抗震设防内容的要求进行设计。

### 4.6.2 节能环保理念的践行

节约能源、保护环境是我国的基本国策之一。市政项目的建设，涉及沿线资源的保护，而道路线形指标及路面状况、管线的合理配置、景观照明的设计关系着车辆行驶效率的高低、资源利用的节约与否，决定着能源消耗水平的高低。因此，市政设计和建设中应始终贯彻节约能源、保护资源的原则和理念。

### 4.6.3 生态最小干预的实现

项目所含的北海公园、乳山公园及峄山公园基本为公园用地及林地，包含部分基本农田。场地大多靠近居住区及市政道路，有利于打造西海岸新区的利民利城的绿色生态空间。

# 第 5 章

# 市政道路景观更新营造规划设计

青岛长江路综合整治工程作为市政道路的重要更新改造项目,旨在提升城市道路的功能性和美观性,促进城市形象的提升与居民生活质量的改善。本章将以长江路综合整治工程为例,探讨在市政道路景观更新营造规划设计中如何体现公园城市理念。首先,将介绍长江路综合整治工程的背景,包括项目的历史沿革、现状分析以及提出改造的必要性和意义。其次,将详细阐述设计目标和宗旨,阐明通过道路景观更新营造的方式,如何落实公园城市理念,强调提升城市道路环境的生态性、人文性和艺术性,推动城市的可持续发展。接着,将对不同类型景观更新营造方案进行详细阐述,涵盖景观绿化设计、道路灯光设计、道路标识与艺术雕塑设计、水系设计等多个方面,展现公园城市理念在道路景观更新中的具体落地实践。随后,将对项目效益进行分析,从城市形象提升、交通改善、居民生活改善等方面进行综合评估,证实道路景观更新对城市的积极作用。最后,将重点阐述重要道路景观节点和项目总结,从成功的实践经验中提炼出在市政道路景观更新营造规划设计中的借鉴价值和可操作性。通过本章的深入探讨,将有助于推动公园城市理念在市政道路景观规划设计中的广泛应用,为城市发展和居民生活质量的提升提供有益的启示和借鉴。

## 5.1 项目背景

### 5.1.1 道路建设历史

长江路综合整治工程是一项旨在改善城市风貌的重要项目,可追溯至其于 1997 年建成后的超龄服役和路况较差的现状。随着城市发展和交通状况的变化,长江路的通行能力逐渐下降,部分交叉口尚未进行合理地渠化设计,导致交通流畅度不佳。同时,街道景观单调郁闭,城市配套设施亟待改善,居民参与空间也相对缺失(图 5-1)。

借助长江路综合整治的契机,城市规划者和设计者决定系统性地改善城市风貌,包括对道路、景观、结构、亮化等多个方面进行全面提升。通过整治,提升长江路的复合功能,突显新区的高品质特色,力求使其成为展示青岛西海岸新区崭新风貌的窗口。

公园城市理念下滨海城市公共景观营造实践

图 5-1 长江路建设平面图示意

在项目建设的进程中，从项目立项、规划设计、施工建设到最终完工阶段，经历了各种挑战。规划者努力解决道路狭窄、交叉口混乱等问题，同时注重提升视觉景观效果和城市功能。在工程实施过程中，各相关部门通力合作，致力于提升交通效率、改善景观设计，并准确把握市民需求，确保项目能够有效服务于当地居民和游客。历经重重考验，长江路综合整治工程最终完成，成为新区的一道靓丽风景线，展示了青岛西海岸新区的崭新面貌和城市品质。

通过整治工程，我们感受到城市建设者对城市发展的执着追求和对居民生活质量的关注，希望长江路综合整治工程能为城市未来的发展和建设提供更多的启示和动力。

### 5.1.2 项目规划依据文件及原则

（1）依据文件

在项目规划建设的过程中，以下文件被作为依据：

《青岛西海岸经济新区发展规划》（青政发 2012〔2〕号）、《青岛西海岸新区城市总体规划》(2018—2035 年)、《青岛市城市更新专项规划》(2021—2035 年)、《青岛市城市分区规划》(黄岛区)、《青岛市城市快速轨道交通线网规划》《西海岸新区综合交通规划》(2017—2035 年)、《青岛西海岸新区唐岛湾中心片区控制性详细规划》《青岛西海岸新区唐岛湾中心东片区控制性详细规划》《青岛西海岸新区唐岛湾中心西片区控制性详细规划》《西海岸新区城市排水规划（2016—2035 年）》《青岛西海岸新区城市供水专项规划（2016—2030 年）》《海绵城市建设技术指南——低影响开发雨水系统构建》《国务院办公厅关于推进海绵城市建设的指导意见》（国发办〔2015〕75 号)、《关于加强城市基础设施建设的意见》《中华人民共和国环境保护法》《中华人民共和国水污染防治法》《中华人民共和国大气污染防治法》《中华人民共和国环境噪声污染防治法》《中华人民共和国固体废物污染环境防治法》《中华人民共和国水土保持法》《城市市容和环境卫生管理条例》，以及建设单位提供的 1：500 电子地形图、现场病害调查等资料、建设单位的相关意见。

（2）依据原则

以提升长江路（长昆立交连江路）及其相交道路交叉口市政设施水平为目标，在总规、控规的指导下，结合区域道路建设和发展，进行项目可行性报告的编制工作。设计方案考虑半幅实施的可能，以求施工期间最佳的投资时期和投资规模。并充分考虑道路大中修夜间施工，降低工程施工对交通的影响。

## 5.1.3 项目现状分析

### 5.1.3.1 生态环境分析

项目施工过程中，永久占地均为待开发建设用地，临时性占地为施工阶段工棚、堆料场、施工机械停放占用土地，施工过程中的生活垃圾、弃土弃石、建筑垃圾的堆放也占用土地。这些占地将改变原有的使用功能，但临时性占地的影响是暂时的，施工结束后可以消除影响，恢复土地的原有功能。

施工期对生态环境的影响主要表现为场地平整、路基开挖和施工机械、车辆、人员践踏等活动对生态环境的影响。项目施工营地拟设置在项目用地范围内，施工便道主要利用现有道路或设置在道路征地范围内，不设置取土场和弃土（渣）场，不会造成地表植被的严重破坏。

项目建设时，建设单位采取必要的水土保持措施，可有效减少项目建设可能导致的水土流失。

项目运营期，通过加强道路两侧绿化，可减少水土流失、降低交通尘埃和交通噪声污染，可改善沿线的景观和生态环境。

### 5.1.3.2 植被环境影响分析

长江路全线受地铁、地下综合体施工的影响，道路通行能力不畅，道路两侧景观效果不佳，部分路段植物长势较差。

（1）行道树绿带

现状为树池式行道树，树池内栽植细叶麦冬，行道树为鹅掌楸，整体长势不佳，部分路段行道树缺失（图 5-2）。

图 5-2　行道树绿带现状

（2）路侧绿带

长江路规划路侧绿带宽约 10m，经现场踏勘，约二分之一路段的路侧绿化被所属商业、商务前庭空间占据。其余路段路侧绿带采用复层种植的模式，栽植树种主要有雪松、玉兰、石楠、龙柏等，植被中下层空间较为杂乱，上层乔木生长较好（图 5-3）。

图 5-3　路侧绿带现状

（3）道路交叉路口节点

长江路沿线与城市干道交叉路口有多处景观节点，沿线路口节点目前以绿化种植为主，植物配置多为前景绿篱模纹与背景大乔木组合，栽植树种主要有雪松、龙柏、大叶黄杨、榉树等。节点效果不突出，缺少特色景观设施，现状不满足目前区域发展要求（图 5-4）。

图 5-4　道路交叉路口节点现状

（4）口袋公园

江山路沿线业态丰富，居住人群集中，休闲游憩需求突出，分散布置的口袋公园位于江山南路至太行山路北侧，多处被地铁施工破坏，空间内设施较少，缺乏互动设施（图5-5）。

图5-5　口袋公园现状

通过分析，道路绿化存在问题有：行道树缺株少株，整体长势不佳；道路车行视线观赏面路侧绿带景观效果不佳；道路重要节点缺少构筑物与文化标识；沿线缺少休闲游憩空间与带状公园。

### 5.1.4　项目设计必要性和可行性

随着社会经济的发展，城市汽车保有量大量增加，交通量不断增大，部分建成年代较早的沥青混凝土路面不可避免地存在拥包、龟裂、松散、坑槽等现象；人行道铺装出现破损、缺失等现象。因此，市政道路整治提升工程的实施是改善道路状况、提高道路服务水平的必要手段，是确保城区路网顺畅连接的必要措施。

青岛市作为旅游城市，对景观环境要求越来越高，对建成区主要的市政道路进行整治，改善道路交通状况，提升道路景观环境，同时对商业自发聚集的道路进行街道更新，是城市发展的需要。长江路作为商业圈内的主要交通要道，是城市商业发展的重要载体。由于建成已久，缺乏优质养护，导致沿路视线景观不理想，大片绿化缺失，因此对商圈道路的景观环境提升也是势在必行。

随着城市化水平的不断提高，青岛市在努力形成一个能促进经济繁荣的良好城市格局和空间发展态势的同时，对加强人居环境的开发建设也提出了更高的要求。良好的居住环境离不开道路等基础设施的建设，城市基础设施的建设将直接服务于经济建设。随着经济持续发展，环境在其中的地位越来越重要和突出，经济竞争一定程度上也是环境的竞争，良好的城市氛围、便捷快速的城市交通将为青岛市提供最基本的经济建设平台。不断加快基础设施建设，改善投资环境和人居环境，营造良好的、更富吸引力、更具竞争力的发展环境，是加快经济发展的重要工作。城市道路建设工程能够改善所在区域的城市面貌，加速区域经济发展，提高居民的出行质量及生活质量。基于以上原因，对超期服役道路进行改造，发挥道路的交通功能，提高环境质量，满足环境的要求，将具有非常重要的现实意义。

青岛市城市水源污染、暴雨导致局部内涝等突发性事件频发，对城市水安全保障提出了更高要求。随着城市快速发展，雨水径流系数加大，特别是老城区采用旧规范及低重现期设计，导致雨水管径跟不上区域的发展。本次通过核算重要地区雨水管道容量并进行扩容，可减少区域积水、保证道路及区域安全。

## 5.2 设计目标与宗旨

### 5.2.1 总体目标

植根于长江路市政道路景观更新营造规划设计的总体目标，设计致力于在城市中注入生机与活力的"能量核心"，打造多重层级的体验场所，激发城市的无穷活力。新时代城市人居系统的发展旨在提升空间的弹性，打破现代都市人之间的屏障，促进更加紧密的社会联系。在这一背景下，项目着眼于长江路，计划为其注入不同层级的"活力芯"，为城市的不同层次生活体验提供相应的场所。以公共空间为载体，重建城市不同层级的交往空间。这些交往空间分散布置在生活社区的中心、办公空间的缝隙以及城市转角的惊喜之处，成为城市生活的精彩细节，与城市居民的生活有机融合（图5-6）。

在规划设计中，各个节点不仅是城市发展的重要支点，更是城市居民体验和互动的关键场所。该项目致力于为城市创造一个多姿多彩、充满活力和智慧的空间环境，让其成为城市居民生活富有活力和惊喜的场所。长江路市政道路景观更新营造规划设计的总体目标是打造一个充满活力和创新的城市中心，激发城市的无穷能量，为城市的未来发展注入新的活力和动力。期待这一规划设计能够成为城市更新的亮点，为城市居民创造一个更加优质、便捷、宜居的生活空间。

图5-6　总体设计理念——体系创新

设计致力于建设具有潮汐式空间功能的街区，以居民为导向，打造多维街区生活与形态，为城市居民提供丰富多彩的生活体验。总之，追求的是一个既可居、可游、可憩、可赏、可玩的多功能转换场地（图5-7）。

在这一规划中，设计人员注重在街区内创造多种功能转换的场所，使其具有灵活性和可变性。这些不仅可以满足居民的日常生活需求，还能够为他们提供休闲娱乐、文化赏析和社交互动的场所。无论是家庭聚会、休闲散步，还是艺术展览、户外演出，还是临时集会、运动健身，这些功能复合场地都能够满足不同层次和需求的居民。

整体设计理念是将街区打造成一个生机勃勃、充满活力的城市空间，让人们在其中感受到生活的美好和乐趣。通过丰富多彩的功能设置和灵活多样的空间布局，努力营造一个与时俱进、与人相伴的城市街区，为城市的可持续发展和居民的幸福生活贡献力量。

图 5-7　总体设计理念——功能创新

## 5.2.2　交通引导目标

通过科学规划和有效设计，优化长江路的道路布局，提升交通效率，缓解交通压力，创造更宜人的出行环境。致力于打造一个高效、有序和安全的城市交通系统，通过合理设置交通标识和信号灯，减少交通堵塞。注重行人优先，并计划建设方便的步行街和自行车道，以提升市民的出行体验。交通引导目标旨在促进城市交通系统的协调运行，为市民提供便捷、安全和舒适的出行环境。以创新设计和科学规划为基础，积极推动长江路市政道路景观更新营造规划设计的实施，为城市交通发展和市民的生活提供更便利和高品质的服务。

## 5.2.3　文化宣传目标

通过文化元素和传统特色，激发市民的文化认同感和归属感。在长江路的景观设计中融入丰富的文化元素，展示地方历史文化和艺术风格。通过公共艺术装置、文化展示墙等方式，将长江路打造成展示城市文化底蕴的窗口。定期举办文化活动、艺术展览和传统节庆，促进文化传承和创新。同时，通过各种渠道宣传长江路的文化内涵，提升其知名度和吸引力。文化宣传目标的核心是让长江路成为文化传播的平台，为城市文化的繁荣和城市形象的提升做出贡献。我们将不断努力，为长江路的文化建设注入新的活力和动力，创造一个充满文化魅力的城市景观。

### 5.2.4 环境美化目标

长江路市政道路景观更新营造规划设计中的环境美化目标是，通过精心设计和有效管理，提升长江路的环境品质，打造宜居宜游的城市景观，让市民和游客享受清新舒适的环境。

本项目计划通过绿化美化、景观改造、环境治理等手段，改善长江路的环境质量。首先，将加强绿化工作，增加绿地面积，引入各类植被，打造生态景观带，同时提升空气质量，改善城市微气候。其次，将对道路两侧的景观进行重新设计，采用美观大方的景观元素，如雕塑、喷泉、花坛等，营造优美的景观线路，提升路段的整体形象。此外，还将加强环境治理，净化空气、水体和土壤，改善周边环境，提升居民和游客的生活舒适度。

在环境美化目标的指导下，注重生态保护和资源合理利用，倡导绿色出行和低碳生活，努力打造一个生态友好、环境优美的城市景观。同时积极引入先进的环保技术和理念，推动长江路的环境改善工作，为城市的可持续发展和居民的健康生活做出积极贡献。

通过不懈努力和持续投入，我们相信长江路将成为一个环境优美、景色宜人的城市风景线，将为城市的形象提升和居民的生活品质增添新的光彩。

### 5.2.5 植被绿化目标

长江路是西海岸新区沿海重要的东西向交通枢纽和景观大道，地处开发区核心区域，沿线聚集大量居住、办公、商业用地，南侧一公里为唐岛湾滨海景观带（图5-8）。

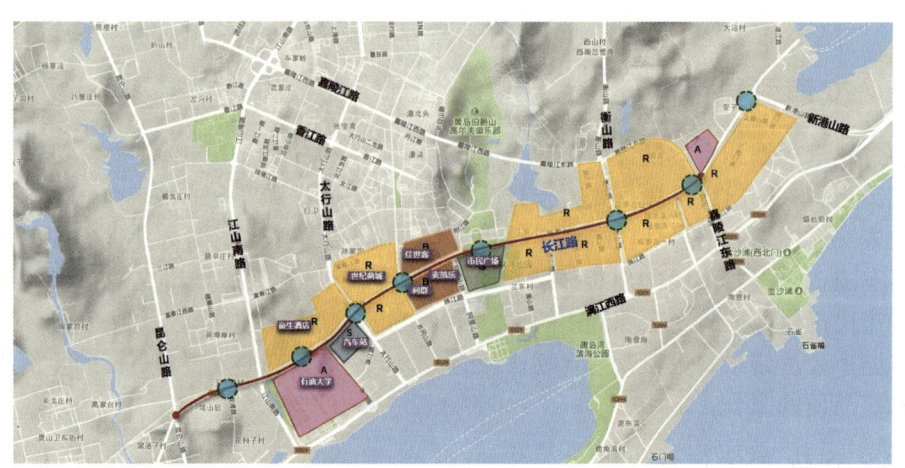

图 5-8 长江路用地规划

（1）设计内容

长江路综合整治工程西起昆仑山路，东至新岗山路，不含太行山路至阿里山路的地下综合体范围，全长约7.4km。工程主要包括行道树绿带设计、路侧绿带提升、重要道路交叉路口节点提升、口袋公园设计及专项设计等。绿化设计总面积约52521m²。

（2）设计原则

① 安全性原则：首先要满足通行安全，其次选择吸收粉尘及有害物质、无飞絮的

植物品种，确保其功能性、安全性与景观效果并存。

② 系统性及实用性原则：注重各部分之间的关联，并结合不同区域及群体需求提供不同形式的设计方案。

③ 生态节约原则：在植物配置方面，遵循"生态化、群落化、乡土化"的原则，充分考虑栽植地的气候、土壤、地下地上等状况，因地制宜，适地适树。

④ 可持续发展原则：一方面充分保护和利用周边优越的自然环境，现行设计的景观应与周边环境自然相接，保证整体景观的和谐性；另一方面选用能够体现当地环境特色的植物，此类植物能较好地适应本地生长。

（3）设计目标及理念

综合考虑长江路区域位置、现状交通情况、周边用地性质及文化氛围，将长江路定位为"生活性景观大道"，道路绿化设计以"宜业、乐活、精致"为主题，打造品质高档、色彩丰富、精致有序的特色景观大道，全面提升片区景观形象。

## 5.3 不同类型景观的更新营造方案

### 5.3.1 植物景观

#### 5.3.1.1 总体设计思路

长江路的景观美化不仅是一种人为的设计，更是一种天人合一的自然奇景。随着季节的更迭，街道景观呈现出不同的面貌，如同自然界的变幻莫测，展现出丰富多彩和生机勃勃的景象。

春季，街道两旁绽放着樱花、杜鹃、桃花等各类花卉，粉色、白色、红色的花海在阳光下闪耀，吸引着无数游客前来赏花拍照，如诗如画，令人陶醉。夏日，绿草如茵，郁郁葱葱，街道两侧的树木在微风中摇曳，给人一种清凉的感觉，让人流连忘返。秋季，街道被金黄、深红、橙黄颜色的树叶点缀，宛如一幅美丽的油画，吸引着人们驻足欣赏。而到了冬季，雪花纷飞，街道上银装素裹，犹如仙境般的景象，令人心旷神怡（图5-9）。

（a）道路节点春季景观

（b）道路节点秋季景观

图 5-9

这些景象并非人为营造，而是借助自然的力量，在空间发展变化和四季轮转中展现出不同的魅力。街道景观呈现出层次丰富、绚丽多彩、繁花似锦的高品质高颜值之美，成为城市的一道亮丽风景线,吸引着无数人前来观赏、游览,感受自然之美。虽由人作,宛若天开,景色源于自然,并在空间发展变化、四季的轮转中展开不同的一面。(图 5-10)。

图 5-10　道路节点植物景观

#### 5.3.1.2　行道树绿带设计

(1) 行道树选择

作为道路绿化系统连续性的主要构成因素,能直观反映出城市区域的风貌。行道树的选择重点考虑以下几方面因素:

1. 选择有地方特色,能够体现青岛市道路风貌的树种。
2. 选择生长稳定,观赏价值高,环境效益好的树种。
3. 选择深根性、分枝点高、冠大荫浓、生长健壮、适应青岛市道路环境条件,且落果不会对行人造成伤害的树种(图 5-11)。

(a) 鹅掌楸　　　　　　　　　　　　(b) 栾树

图 5-11　行道树选择

本次改造路段全长约 7.4km,考虑景观的一致性和行道树的苗木量较多等因素,建议全线使用同一行道树品种鹅掌楸。

（2）行道树绿带

推荐方案：长江路为生活性主干道，道路两侧用地性质以居住用地、商业用地为主，教育用地为辅。经多次现场踏勘，该道路车流、人流量较大，因此行道树绿带采用树池式，树池内为树池箅子，进一步满足道路使用功能（图5-12）。

图5-12　行道树绿带标准段平面图（推荐方案）

比选方案：行道树绿带采用通槽绿篱式，行道树树种选择黄山栾，下层绿篱选择高40cm的红叶石楠和高60cm的大叶黄杨，以60m为变化段交替栽植（图5-13）。

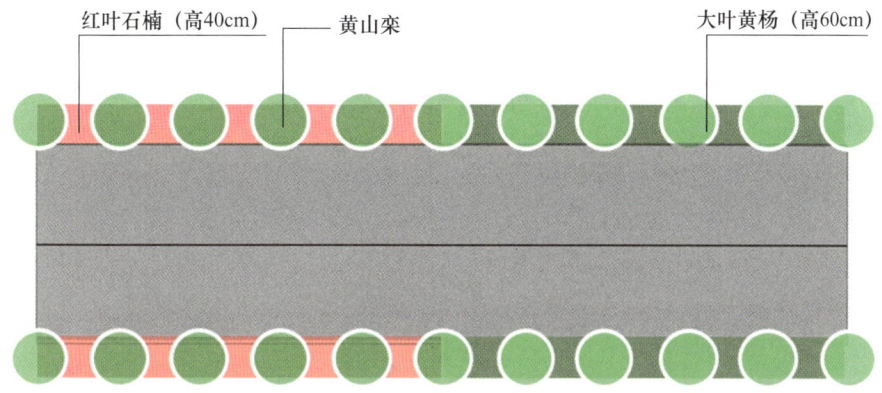

图5-13　行道树绿带标准段平面图（比选方案）

行道树绿带作为道路的线性景观，反映道路的整体风貌，本次设计考虑延续原有行道树绿带风格，并利用原有行道树品种。

#### 5.3.1.3　路侧绿带设计

本次设计对路侧绿带4～10m范围内绿化进行提升设计，设计面积约52521m$^2$。推荐方案：对现有路侧绿带植被予以保留和梳理，绿带下层满铺成品草皮，中层组合栽植瓜子黄杨、红叶石楠、月季、金边黄杨、毛娟等，形成模纹绿篱或花带，绿篱上层组团式种植银杏、榉树、乌桕、二乔玉兰、海棠、红枫、紫薇等乔灌木，树种组合注重色彩搭配和季相搭配，以丰富景观层次。在全线景观风格统一的前提下，在不同路段打造不同的植物景观特色，利用开合的植物界面烘托重要建筑立面，避免遮挡商业网点（图5-14）。

### 5.3.2　道路铺装

对长江路进行全面地道路铺装升级，提高道路通行能力40%，改善雨污分流系统，减轻城市内涝问题，保障道路的畅通无阻。同时，优化绿化层次，打造宽敞通透的城市前庭空间，提升生态环境品质。引入高品质LED路灯，提升道路亮化效果，营造舒适、安全的夜间出行环境。通过这些改造，提升长江路的品质，改善城市生活环境，促进城市可持续发展和增强居民生活的幸福感（图5-15）。

(a) 长江路与新港山路交叉路口北侧节点效果图示意

(b) 长江路与嘉陵江路交叉路口节点北侧与效果图示意

(c) 长江路与太行山交叉路口节点与效果图示意

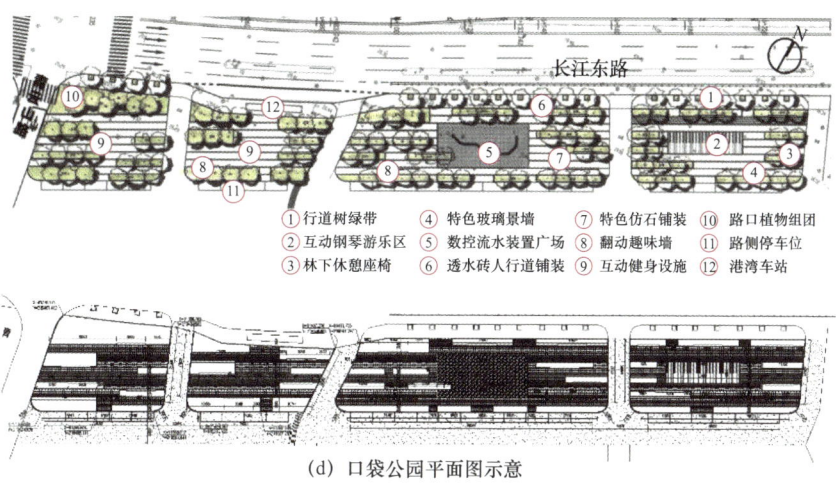

(d) 口袋公园平面图示意

图 5-14　路侧绿带设计

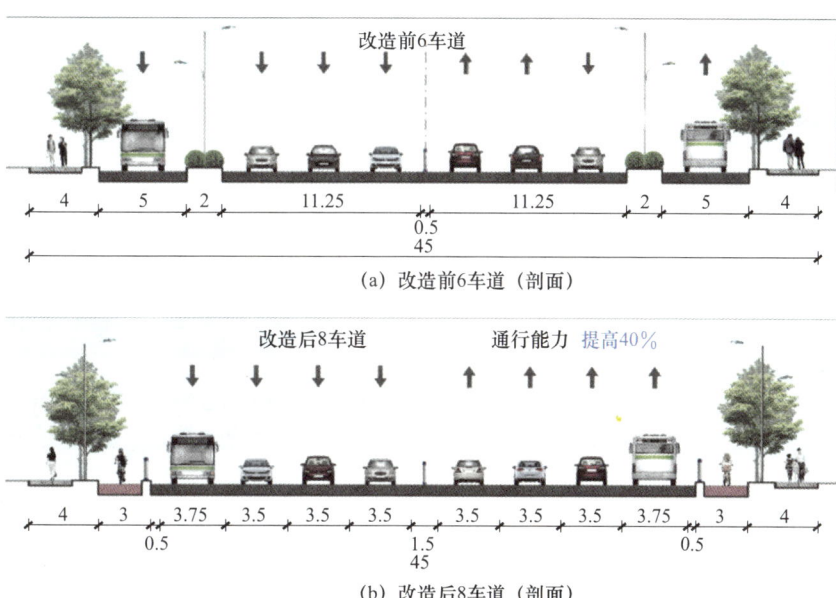

(a) 改造前6车道（剖面）

(b) 改造后8车道（剖面）

(c) 改造前6车道（俯视图）

(d) 改造后8车道（俯视图）

图 5-15　道路铺装升级

### 5.3.3　其他景观

致力于在场地中培养深厚的文化属性，通过打造大地生态景观，建立艺术与人心灵的沟通，创造具有强烈冲击力的视觉体验。设计将引入以花舞为主题的元素，借助生态自然的手法打造城市的绿色脉络，让人们在这里行走、休憩、交流，为城市生活注入无限活力和生机（图 5-16）。

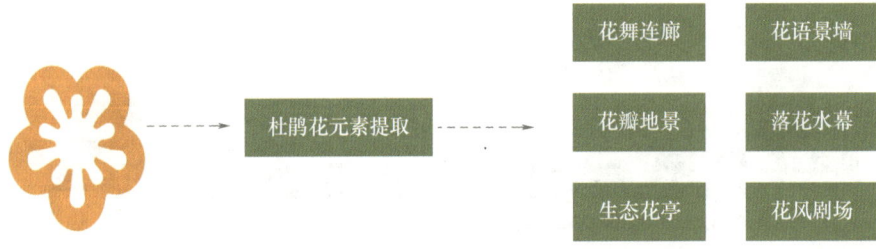

(a) 杜鹃花大地景观建设示意

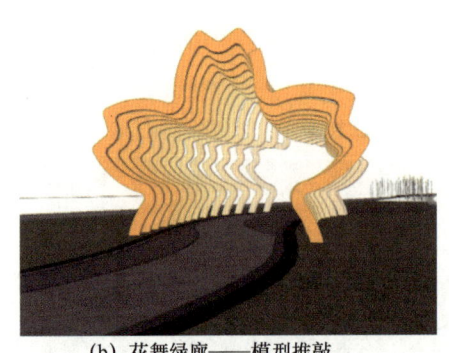

(b) 花舞绿廊——模型推敲　　(c) 花舞绿廊——落地效果

图 5-16　花舞设计主题示意

设计方案将聚焦于梳理两侧低活力绿地空间，充分利用有限的土地资源，塑造出无限的可能性，实现土地利用效率的最大化，优化空间景观设计。通过多种艺术表达手法，改善城市形象，使之更具美感和吸引力。结合空间的区位、形态和功能，将引入文化脉络的元素，使其成为城市中新的活力聚集地，吸引更多人驻足欣赏、体验、汲取灵感。

在这里，人们将感受到自然与艺术的交融，体验到城市的生机与活力。设计围绕着花舞的主题元素，注入生态环境的特色，创造出一个独特而富有魅力的城市绿地，为城市营造出一个具有艺术气息和文化内涵的新景观。通过这些努力，我们期待为城市带来一处充满灵感和活力的场所，为居民和游客营造一个愉悦、舒适的城市生活空间。

## 5.4 项目效益分析

### 5.4.1 经济效益

市政道路整治提升工程是一项完善基础设施、提高城市现代化和文明程度的公益事业，虽不产生直接的经济效益，但由此而产生的间接经济效益是非常大的，主要体现在时间节省的经济效益、运输成本下降所带来的经济效益、道路沿线土地增值的效益、沿线竞争地位的提高所产生的效益等。

因此，道路整治提升工程实施的间接经济效益是十分可观的。

### 5.4.2 社会效益

社会效益表现为改善人们日常工作生活的舒适程度、刺激区域经济发展等。通过道路改造，增加了交通的迅捷性，并带动相关行业，从而有力地促进了当地经济的发展。人行道、绿化种植的实施确保了人们出行的安全及舒适，充分体现"最大限度地满足人们需求"的宗旨；管网的完善更好地保证了这一区域人们日常的工作生活和工矿企业的日常生产，继而带动该区域的经济发展。

### 5.4.3 环境效益

环境效益包括美化环境、提高居住质量、净化空气、调节气候等。随着人类文明的进步和社会经济的发展，人类已逐步认识到环境保护对促进社会和经济持续、稳定、协调发展的重要意义，在我国环境保护已作为一项基本国策，受到全社会的关注和重视。市政道路整治提升工程的实施提高了区域内的污水收集率和环境绿化率，大大改善了该区域的污染状况，有效提升了环境质量，取得了预期的环境效益。

综上所述，综合整治工程虽没有具体的量化参数，无法定量分析，但就定性而言，其所取得的间接经济效益、社会效益、环境效益却极为显著，坚持了"使用者"优先，"一切以人为本"的原则，项目的实施是十分必要和可行的。

## 5.5 重要道路景观节点

### 5.5.1 长白山路节点——森系花园

借助原有长势良好的绿化植物资源，减负增能，以此为基础拓展空间边界，打造一个独特的城市绿岛。

在保留现有樱花和水杉林的基础上，计划进一步扩展林下交流空间，为人们提供更多的休闲和交流场所。在这片区域内，将设置舒适的休闲座椅，为市民和游客提供一个宁静而惬意的休憩环境。通过营造一个宜人的自然氛围，让人们身临其境地感受大自然的美妙和宁静。

设计将把原本使用率低、较为封闭的绿地区域转变为人与自然友好相处的体验空间。通过改善空间布局，增加互动元素和舒适设施，使该区域成为市民们亲近自然、放松身心的理想去处。这片空间将为城市增添一处独特的景观，同时也可提升人们对城市绿地的体验和享受。

通过以上设计理念和实践，我们期望打造一个绿荫环绕、清新舒适的城市绿岛，为城市居民带来更多的休闲乐趣和身心放松的机会，让人们在这里与自然和谐共处，体验生活的美好（图5-17）。

以艺术化手法打造城市花园，是为了结合场地特色，营造一种沉浸式的景观体验。设计致力于创造一个令人沉浸其中的生活空间，重视人们的"视、听、闻、品、触、心"六种感官体验，为市民和游客提供可感知、有美感、心灵舒畅的生活环境。

在设计中，将充分考虑场地的特色和环境条件，运用艺术化的手法打造出独特而富有韵律的景观。通过艺术品、雕塑、装置艺术等元素的巧妙融合，将城市花园打造成一个充满想象力和趣味性的空间，以吸引人们驻足观赏、探索。

(a) 效果图

(b) 实景图1

(c) 实景图2

(d) 实景图3

(e) 实景图4

(f) 实景图5

(g) 水杉林

(h) 下沉草坪

图 5-17 森系花园

设计将注重人们的感官体验，通过视觉上的美感、听觉上的和谐声音、嗅觉上的芬芳气息、触觉上的舒适感、味觉上的品质享受以及心灵上的愉悦感，让人们全方位地感受到城市花园带来的愉悦和满足（图 5-18）。

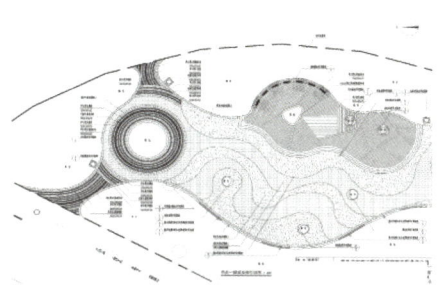
(a) 海风公园施工图

(b) 海风公园俯视图

(c) 海风公园实景图

(d) 花芯廊架实景图

(e) 海风公园实景图　　　　　　　　　(f) 海风公园实景图

图 5-18　海风公园

最终，我们的目标是打造一个有品位、有韵律、有美感、有温度的城市街道。通过艺术的熏陶和景观的营造，让城市空间焕发出独特的魅力和生机，为市民和游客带来愉悦的生活体验，同时也为城市增添文化内涵和艺术氛围。

### 5.5.2　嘉陵江路节点——海风公园

将在城市广场中引入各种的活动和休闲设施及场所，包括优美的廊架、舒适的秋千座椅，以及读书活动和健身运动区域。设计以人的需求为核心，注重广场的多功能性和舒适性。活动广场将成为社区各类活动、文化演出和庆典的中心。廊架和秋千座椅可提供遮阳避雨和休憩场所，并增添优雅和舒适的氛围。读书活动和健身运动可促进市民的健康和智力发展，同时可丰富广场的文化内涵。最终目标是将广场打造成一个充满生活气息和文化底蕴的场所，为市民提供共同的聚集地和交流空间，成为一个记录城市历史、传承文化温暖的精神家园（图 5-19）。

(a)　　　　　　　　　　　　　　(b)

图 5-19　社群活动

我们致力于打造一个全民参与的城市空间，通过先进科技和智能设施构建一个运动健康平台，促进邻里社交和健康活动。这个城市空间还将提供休闲娱乐、文化展示和绿化休闲等多种功能，以满足各种人群的需求。同时希望营造一个多元、共融的公园，为人们创造一个探寻理想生活的场所。通过全民参与，共同打造这个城市空间，并期望为城市带来更多生活的活力和欢乐，让每个人都能在这里找到属于自己的美好生活体验。（图 5-19）。

### 5.5.3　萧山路节点——蝶恋花城市客厅

在城市景观中引入蝴蝶艺术雕塑和蝶舞互动景墙，结合花朵元素的廊架和花瓣坐凳，创造一个充满生命力和美感的城市空间。通过这些艺术元素为城市增添魅力和灵动性，同时为居民提供舒适的交流和休憩空间。设计中融入花朵文化脉络的精髓，唤起人们对自然之美的感知。融合艺术与实用功能，为城市创造兼具美感和实用性的空间，为居民提供愉悦的精神家园。（图 5-20）。

(a) 实景图1　　　　　　　　(b) 蝶恋花城市客厅效果图

(c) 实景图2　　　　　　　　(d) 实景图3

(e) 实景图4　　　　　　　　(f) 实景图5

图 5-20　蝶恋花城市客厅

整个设计力求打造一个多功能、多样化的公园，满足各个年龄层的需求和兴趣。特别针对年轻人，引入时尚新颖的设计元素和活动项目，如涂鸦墙、户外健身器材和互动艺术装置，吸引他们的兴趣，实现公园的社交互动。这样的设计不仅为市民提供了休闲娱乐和社交互动的场所，也可为周边商业带来更多商机和发展机会，共同促进城市的繁荣和进步。

## 5.5.4　青云山路节点——花意绿道

将利用林下空间，巧妙融入花朵元素，打造一个适合所有年龄段参与的公共空间。通过引入花瓣造型的座椅、花朵装饰的雕塑等，为场地增添浪漫和温馨氛围，并提供休憩放松的场所。新增的渐变色花瓣连廊也为场地增添了趣味和美感，并提供独特的漫步场所。我们希望通过这样的设计为社区打造一个充满活力的公共空间，为市民提供一个共享、互动和美好的生活场所，促进社区的融合和发展（图5-21）。

图 5-21　花意绿道

在这个美妙的公共空间里，人们可以尽情感受大自然的美好和活力，放松身心，享受宁静的时光。橘黄渐变色的花朵连廊为场地增添了新的活力，让人们在美景中漫步，感受生活的美好和丰富（图5-21）。这样的设计为城市空间增添了诗意和文化底蕴，成为全人们心灵愉悦的地方。

### 5.5.5 江山路节点——丝路花语

通过融入花朵元素和海浪纹路，展示青岛的历史发展和现代生活。这一设计旨在传递城市文化的独特魅力，为市民和游客营造沉浸式的景观体验。花朵象征美好生活的蓬勃与绽放，海浪纹路代表城市的历史传承和发展，两者相互呼应，表达古今相衔接、传承与发展的主题。周边的花海景观将为路口增添更多的魅力和生机，让人们置身其中感受城市文化的内涵和魅力。通过这样的设计，我们希望为青岛城市的形象和品格增添更多的亮色，为城市的繁荣发展贡献我们的力量（图5-22）。

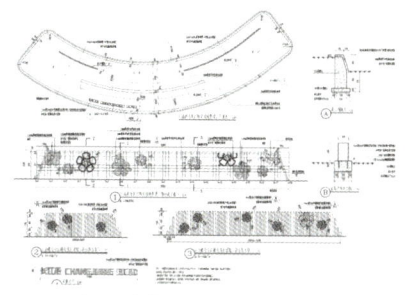
(a) 丝路花语景墙施工图

(b) 丝路花语景墙效果图

(c) 丝路花语景墙实景图

(d) 路侧花海实景图

图 5-22　丝路花语

## 5.6 项目总结

### 5.6.1 经验与不足

#### 5.6.1.1 节能理念的应用

（1）工程措施

车辆耗油的节约是道路建设项目节能的主要体现之一。影响车辆耗油量的主要因素除车辆自身的技术性能外,道路的路面和线形条件及交通条件也是决定其耗油量高低的关键。

路面平整度高、纵坡小、与汽车轮胎的结合性强,则有利于发挥车辆的动力性能,其耗油量就低,反之则高。

道路平纵线形设计和路面结构设计贯穿节能的理念,尽可能采用高标准的线形设计和路面结构,这有利于提高车辆运行速度,降低油耗。

(2) 管理措施

① 路口交通管理:工程实施后,通过交通标线等措施对路口进行渠化,提高车辆在路口处的运行效率,减少车辆在路口处的停车时间和延误,降低油耗、节约能源。

② 合理设置标志标线,引导车辆有序通行:交通标志和标线的设置应为驾驶员预留足够的反应时间,信息应全面准确,避免由于路线引导错误或反应时间不够而无法起到实际引导作用,同时也可提高车辆通行效率,节约油耗。

③ 车行道施工调流:由于长江路位于西海岸中心城区,周边地块及配套设施已经完善,本次改造对道路采用半幅封闭施工。

(3) 工程筹划

根据本次工程的具体情况,应进行工程建设周期安排。

施工顺序按"先地下、后地上"的原则进行,路面、景观同时施工,平整场地后,进行规划管线的埋设,尽量采用同槽施工,然后修筑路基、路面,最后进行道路附属设施的敷设。

(4) 工程项目管理机构组织方案

由业主单位协调相关部门及单位专题研究确定。

### 5.6.1.2 环境保护的贯彻

项目建设所产生的环境问题及拟采取的环保对策与一般工业建设项目有所不同,其主要表现是:道路建设对环境的不利影响主要发生在施工期,营运期相对较轻。道路营运后主要是落实噪声防治与生态保护措施。基于上述特点,并结合本项目建设的具体情况,本评价分别提出施工期及营运期的环保对策、措施与建议如下。

(1) 施工期的环保措施与建议

① 施工场地选址的合理性与可行性

根据项目用地情况,项目用地类型主要有已建设用地和未利用地。施工营地建设于项目用地范围内,不占用其他土地资源。根据区域的环境质量现状和周边状况,施工场地容易做到和周边居民点保持合理的距离,施工场地设置于其上是合理、可行的。

② 措施的有效性及环境管理的严格性

道路施工期带来的环境问题较多,所以这一时期环保措施的有效性及环境管理的严格性就显得尤为重要。本阶段的环保措施与管理应由道路建设单位负责实施,并由环保局监督检查。

③ 大气污染防治措施

路基、路面施工场地应远离居民生活区,施工过程中不能视施工方便程度随意更改施工场地。施工场地周围应设置护栏,并应采取相应措施减轻施工场地及道路扬尘污染。根据同类项目的实验结果,如果施工阶段对汽车行驶路面勤洒水,可以使空气中扬尘量减少50%以上。建议在干旱季节每天对施工场地以及车辆道路洒水4～5次。粉状原材料在堆放与运输过程中应覆盖篷布，避免飞灰的产生。

④ 噪声污染防治措施

夜间不施工，如必须施工，需向当地环保部门申请夜间施工许可，并张贴公示，征得当地居民的谅解。加强对机械和车辆的维修，以使它们保持较低的噪声；车辆运输中尽量避免鸣笛，以减轻对居民的影响和干扰；尽量避免在同一地点安置较多的动力机械设备，以避免局部声级过高；同时应在高噪声场地设置围栏，通过阻隔衰减降低噪声的影响；施工车辆在经过各敏感点路段时，禁止鸣笛，减轻对居民的影响和干扰。

⑤ 水污染防治措施

加强施工材料的管理，禁止将粉状材料、油料等堆放在河道岸边。施工生活污水避免随意排放而对环境造成影响。

⑥ 固体废弃物处置措施

及时做好施工场地、路基路面筑路材料的清理工作，避免随意堆放和丢弃；生活垃圾应收集在固定的垃圾堆放点并定期清理。

⑦ 生态环境保护及水土流失防治措施

施工场地使用结束后要及时清理，恢复其原有功能，或根据实际情况进行有利的改造。做好全线路基边坡和道路绿化，边坡采用植草的方式，道路绿化宜采用灌草木结合的方式。绿化工作建议在雨季前一个月进行。按设计要求进行护坡、围挡，并及时进行植被恢复。按设计要求的范围进行施工，不能随意在工程沿线取土和弃土，减少开挖面；在进行土方工程的同时，应尽量争取同步进行路面的排水工程，预防雨季路面形成的径流直接冲刷坡面而造成水土流失。填挖作业尽量避开雨季。

（2）营运期的环保措施与建议

本项目建成并营运后，将创造出显著的经济效益和社会效益，但最主要的环境问题是道路经过邻近居民区地段的噪声污染。如果措施有效，管理有力，上述环境问题是可以避免和杜绝的。此阶段的环境管理与环保措施应由道路管理局及当地环保部门负责实施。

① 声环境环保措施与建议

选用低噪声的路面材料，降低轮胎与地面磨擦声。加强道路两侧的绿化。设置限速警示牌和超速电子警察。设立禁鸣标志，以提醒过往车辆禁止鸣笛。加强道路的维修保养，保持路面平整，尽可能减少路面下沉、裂缝、凹凸不平现象，减少汽车刹车、起动过程中产生的高声级，减少交通噪声扰民事件的发生。

② 生态恢复与绿化措施的落实

道路工程的生态恢复与绿化是施工期和营运期均需特别重视的环节，道路管理部门应设置或委托专业单位按计划实施，并采取切实可行措施防控水土流失。在营运期，除对施工期已实施的绿化工程进行补充和完善之外，还需做好现有绿化带的维护工作，使绿化工程发挥其应有的作用，并形成良好的景观。

③ 其他方面的污染防治措施与建议

提高工程质量，加强维修养护和管理，保证路面的平整，以减少车辆行驶过程中产生的振动和噪声，减轻对环境的影响。货物运输时可能沿路撒落，带来二次扬尘污染，因此应禁止没有足够防护措施的车辆上路。加强排水系统的维护，定期进行排水系统的清淤，以确保降水时畅通排泄。加强对运输危险品车辆的质量及运行状态检查，特别是对安全防范措施的检查，消除事故隐患。在环境敏感区（如居民集中区等）及事故多发地段，交通管理部门应设置醒目的提示板或警告牌，并公布事故急救电话。

#### 5.6.1.3 社会风险的评价

在项目建设的过程中，充分落实风险防范措施，发挥建设单位和相关政府部门在项目社会稳定风险管理工作中的主导作用，构建合理、通畅的风险管理联动机制，通过制定项目风险管理工作计划，深入开展调查研究，加强对项目的正面宣传，优化设计方案，强化施工和运营期的管理，全方位落实、开展风险管理工作，这样风险发生概率将进一步降低，风险影响程度也将随之减小。

#### 5.6.1.4 互动景观的设置

以"居民＋设计"模式，基于低成本、低运营、共建共享的策略，打造城市公园。以市民需求为导向，结合各地块资源禀赋，确立各具特色的社区公园。通过修复地表生境，保留及补植树木，构建绿色的风景廊道。拆除围墙以弱化边界感，加强与城市周边界面的渗透，实现空间的最大利用。以运动健康激活邻里社交，织补城市服务功能，创造丰富的城市生活体验（图5-23）。

(a) 互动景观的价值体系　　　　(b) 互动景观的实拍照片

图 5-23　互动景观设置

#### 5.6.1.5 高新技术的运用

5G智慧生活理念——全域智能化城市家具BIM（建筑信息模型）推敲落位。注重人性化、艺术化设计，提升城市空间品质与文化品位。全线设置杆件综合、主动发光交通标志、发光标线、智慧公交站亭，推动精细化、人性化、智慧化的城市交通建设；全线设置公交专用道、慢行道，注重公交、慢行交通与轨道交通接驳系统的建设，倡导绿色、低碳的交通出行。BIM技术的引入，形成大量数据可视化的分析设计和方案表达。结合公交车站引入"青岛盒子计划"，提高居民便利性，同步美化街道环境（图5-24）。

图 5-24 高新技术在道路中的利用

## 5.6.2 展望

长江路综合整治工程作为青岛城市发展中的关键项目，承载着西海岸新区城市规划的重要实践任务。在规划和设计方面，该项目将深入探究道路背后的历史脉络，透过详实的历史调查，深入挖掘道路的发展历程，洞悉其在城市演进中的重要地位和作用。项目的规划文件和实施原则不仅关注技术标准，更注重综合考量城市文化、环境保护和社会经济发展等诸多因素，以确保道路改造与城市整体发展目标相互契合、相互促进。该工程的设计目标和宗旨不仅仅在于提升道路交通功能，更在于致力于打造符合城市形象、提升城市品质的宜居城市环境。

项目注重总体规划、交通引导、文化传承、环境美化和植被绿化等多方面，致力于创造一个融合历史文化底蕴与现代城市生活的和谐发展格局。从植物景观到道路铺装，从交通管线到路灯景观，设计方案将全面细致地考虑，使二者相辅相成，共同营造出统一和谐的城市道路风貌。

道路整治工程将为地区经济增长注入新动力，提升市民生活品质，促进城市交通效率的提升。同时，节能理念的应用和环保原则的贯彻将为工程的可持续发展奠定坚实基础。社会风险评估从建设期到运营期将全方位覆盖，规避可能的风险隐患，确保项目在全周期内为市民服务，不为社会造成不必要的负担。工程将运用智能化管理系统、先进监控技术和交通自动引导系统等高新技术，提升城市道路运行的便捷性和智能化水平，为城市发展注入新活力。整体而言，长江路道路整治工程将成为西海岸新区城市规划中的亮点项目，为青岛城市形象树立新标杆，为推动城市可持续发展注入新动力。

长江路综合整治工程的设计目标不仅仅是为了改善交通流畅度，更重要的是为了提升城市形象和市民生活品质。设计的侧重点不仅在于交通引导和功能提升，还需要从文化传承、环境美化到植被绿化等方面综合考虑。通过精心规划的景观设计和植被布局，长江路将成为一条融合历史文化与现代生活的宜居城市道路。道路两旁的景观将呈现出丰富多样的文化元素，体现城市的独特魅力和人文底蕴，让行人在旅途中感受到城市的温度和文化。同时，环境美化和植被绿化将为道路注入更多生机和活力，创造出清新宜人的城市环境，提升市民的生活品质和幸福感。这样设计的城市道路不仅是一条通行工具，更是城市的一道亮丽风景线，让市民和游客在如诗如画的道路上畅游，融入其中，享受城市之美，感受城市的温情。

在综合考虑社会风险因素的前提下，长江路综合整治工程将从建设到运营全程采取全面的风险管理措施，以确保工程的持续顺利进行。针对可能出现的建设期风险，工程团队将制订详细的应急预案和风险控制措施，确保工程施工过程安全可控，避免对周边环境和社区造成不利影响。同时，在工程运营阶段，将建立健全的监测体系和维护机制，定期进行检查和维护，以确保道路设施的正常运行和安全性。除风险管理措施外，项目还将设置互动景观，以提升市民的参与感和归属感。通过创意设计和互动性强的景观元素，吸引市民驻足观赏，使道路成为市民互动和社交的重要场所，从而增强社区凝聚力和归属感。这种参与式设计不仅丰富了城市公共空间的体验，还促进了市民之间的交流与互动，营造出充满活力和社交情感的城市环境。

长江综合路整治工程的风险管理与互动景观设置不仅考虑了工程建设和运营层面的安全和稳定，更注重倾听民意、服务社会，使项目不仅仅是一项基础设施建设工程，更是城市发展与市民共享的重要平台。通过综合考虑各种因素，长江路将成为一条安全、互动、具有归属感的城市道路，真正实现了城市基础设施与居民生活的无缝连接。

在技术应用方面，长江路综合整治工程将充分发挥智能化管理系统、先进监控技术以及交通自动引导系统等高新技术的优势。通过这些先进技术的运用，工程将实现道路运营的高效和智能化。智能化管理系统将实现对道路交通流量、车辆行驶状态等数据的实时监测和分析，为交通管理者提供科学依据，进而提高道路通行效率和交通安全性。先进监控技术将实现对道路交通状况的全方位监控，及时发现和处理交通异常和事故，最大限度地确保道路通行的畅顺和安全。交通自动引导系统则可以有效引导交通流向，减少交通拥堵和事故发生的可能性，提升城市道路的运行效率和品质。

总体而言，长江路综合整治工程将成为城市发展的标志性项目，不仅推动了青岛市整体城市形象的提升，更为社会经济的发展和居民生活的改善做出了积极贡献。通过引入高新技术，工程将为城市注入新的活力与动力，同时也提升了城市的发展潜力和竞争力。长江路的升级改造不仅是一项基础设施工程，更是城市可持续发展的有力推动者，成为城市发展的新引擎。通过整治工程的实施，青岛将迈向更加现代化、智能化的道路发展新阶段，为城市的繁荣谱写新的篇章。

# 第 6 章

# 结论与展望

## 6.1 不同类型的城市景观营造

### 6.1.1 森林公园

自然与人文融合：森林公园的城市景观营造应该充分融合自然景观和人文景观，让人们在欣赏自然美景的同时，也能感受到城市的文化氛围，增强人们对自然的亲近感和对城市的认同感。

生态环境保护：在森林公园的城市景观营造中要注重生态环境保护，合理利用现有植被和地形地貌，避免破坏生态系统平衡，保护生物多样性，促进生态环境的稳定和可持续发展。

绿色出行交通便利：在森林公园的城市景观营造中要考虑绿色出行方式的便利性，设计合理的步行道、骑行道和公共交通设施，鼓励市民步行、骑行或乘坐公共交通前往公园，减少汽车使用，降低碳排放，改善空气质量。

公共设施完善：森林公园的城市景观营造要配备完善的公共设施，包括休息亭、垃圾桶、洗手间、凉亭等，方便市民在公园内活动，提升公园的舒适性和便利性。

多样化的活动场所：在森林公园的城市景观营造中要考虑不同年龄段和兴趣爱好的市民的需求，设置多样化的活动场所，如户外运动场、儿童游乐区、瑜伽草坪等，促进社区凝聚和共享。

良好的管理与维护：森林公园的城市景观营造不仅要重视初期设计与建设，还要注重后期的管理与维护。建立健全管理机制，加强保洁、绿化、安全监控等工作，确保森林公园的良好运营和可持续发展。

### 6.1.2 道路附属区域景观

功能与美观兼顾：道路附属区域的景观营造不仅要确保道路交通的畅通和安全，还应注重提升景观的艺术性和美感。通过合理规划道路景观，选择合适的景观元素和设计风格，打造既实用又具有城市特色的景观环境，为市民提供愉悦的视觉体验。

绿化与景观设计：在道路附属区域景观营造中，绿化是关键环节之一。通过增加绿化植被的覆盖率，提高空气质量，净化环境，同时结合景观设计原则，选择适宜的植物种类和布局方式，打造富有层次感和美感的绿色景观，为城市增添生机和活力。

加强亮化设计：夜间景观营造是提升城市形象和品质的重要手段之一。在道路附属区域，通过精心设计照明设施的布置，合理利用光线和色彩，提高夜间景观的美观度和安全性，营造温馨、安全、舒适的夜间环境，为市民提供更好的出行体验。

强化功能空间利用：道路附属区域是城市生活的延伸空间。在景观营造中，应充分利用这些空间设置各类功能设施，如休闲座椅、垃圾分类站、景观小品等，为市民提供休憩、活动的场所，增强城市的人文关怀和人性化设计。

生态环保意识：在道路附属区域景观营造中，应始终坚持生态环保理念。通过采用节水、节能、环保材料等可持续性设计措施，注重生态保护和资源的合理利用，建设生态友好型景观环境，保护和改善生态系统，促进城市的可持续发展。

定期维护保养：道路附属区域的景观营造不仅要注重初期设计与建设，还需要长期的维护与管理。应定期进行植物修剪、景观设施维修和清理垃圾等工作，保持景观的整洁和美观，延长景观设施的使用寿命，为市民提供持久的优质景观环境。

### 6.1.3 公共空间景观

多功能性设计：公共空间的景观营造应注重多功能性设计，充分考虑不同人群的需求，设置多样化的功能区域，如休闲区、步行道、儿童游乐区等，满足市民的休闲、娱乐和社交需求。

人性化环境布局：在公共空间景观营造中，应注重人性化环境布局，合理设置座椅、休息亭、绿化植被等元素，营造舒适宜人的环境氛围，提升市民的生活质量和幸福感。

生态环境保护：公共空间的景观营造需要注重生态环境保护，采用绿色植被、可持续材料等环保设计理念，保护和改善生态系统，提高空气质量，营造健康宜居的城市环境。

景观亮化设计：夜间景观设计是公共空间景观营造的重要组成部分，应设计合理的照明系统，提升夜间景观的美观度和安全性，营造独具特色的夜间城市风貌，增强城市的活力和吸引力。

文化传承与创新：在城市景观营造中，公共空间景观应结合本地文化传统与创新元素，突出城市的特色和魅力，展现城市的历史底蕴，提升城市形象和文化品位。

社区参与与共享：公共空间的景观营造需要引入社区参与机制，鼓励市民参与景观规划、建设和管理，增强社区凝聚力和归属感，实现公共空间的共享和共建，推动城市景观的可持续发展。

### 6.1.4 其他景观

可持续发展：不论是道路附属区域、公共空间还是森林公园，城市景观营造都应当注重可持续发展的理念，采用环保、节能、资源循环利用等可持续性设计策略，实现经济、社会和环境的协调统一。

社区参与：城市景观营造应鼓励社区居民的参与和反馈，听取他们的意见和建议，实现景观规划与设计的民主化和参与性，增强社区凝聚力和归属感。

创新设计：在城市景观营造中，应注重创新设计理念和技术手段的应用，结合当地文化特色和城市发展需求，打造具有独特魅力和创意的城市景观，提升城市形象和品质。

安全可靠：无论是公共空间还是森林公园，城市景观营造都应确保设施的安全性和可靠性，预防意外事件发生，保障市民的人身和财产安全。

城市品质提升：城市景观营造的目标之一是提升城市的品质和形象，通过美化环境、改善居住条件、增加休闲娱乐设施等方式，提升市民的生活品质和幸福感。

文化传承与创新：在城市景观营造中，应注重传承和创新，既要尊重传统文化和历史遗产，又要鼓励创新设计和科技应用，实现城市文化的传承与发展。

## 6.2 公园城市理念的应用及潜力

促进城市健康：公园城市理念注重绿色空间和自然环境的保护与利用，有助于改善城市居民的生活质量和健康水平。通过提供更多的户外休闲活动场所和绿色运动空间，促进城市居民进行户外活动，增强身体健康。

改善生态环境：公园城市理念强调生态环境的保护和恢复，通过绿化和生态规划，提升城市的生物多样性，减少污染物排放，改善空气质量，维护生态平衡，促进城市的可持续发展。

促进城市可持续发展：公园城市理念倡导以人为本的城市规划和设计，通过提供公共绿地和休闲设施，改善城市居民的生活环境，增加城市的吸引力，吸引人才和投资，促进城市经济增长和社会可持续发展。

提升城市形象和品质：采用公园城市理念进行城市景观营造，能够打造具有独特韵味和人文特色的城市形象，增加城市的美感和宜居性，提升城市的品质和文化内涵。

促进社会平等与共享：公园城市理念倡导公共绿地和休闲设施的普惠性和共享性，为城市居民提供平等的休闲娱乐机会，促进社会和谐发展，从而增强城市居民的归属感和社会凝聚力。

推动城市创新与发展：公园城市理念为城市带来新的规划理念和发展思路，从而可激发城市的创新活力，吸引创新型企业和人才，推动城市产业结构升级和城市创新发展。

## 6.3 结语

在公园城市理念的引领下，滨海城市公共景观营造的实践经验与成果得到了深入探讨和总结。这些经验涵盖了多个方面，包括自然与城市融合、保护生态环境、促进绿色出行、完善公共设施、打造多样化活动场所及对景观的管理与维护。通过详细探讨，展示了在公园城市理念的指导下，滨海城市如何实现景观建设的可持续发展和人文规划。在这一过程中，特别强调了将自然元素有机融入城市建设中，致力于生态环境的保护与提升，致力于提供方便快捷的绿色出行方式，不断完善公共设施，打造丰富多彩的活动场所，同时确保对景观的良好管理和维护。这些丰富的实践经验为城市景观规划与设计提供了宝贵的参考和借鉴，为未来滨海城市的可持续发展奠定了坚实的基础，为构建宜居、绿色、创新的滨海城市提供了新的思路和支持。这些经验与成果的综合推广和应用，将为更多城市在公园城市理念的引领下实现可持续发展和城市美好未来注入新的活力和动力。